FIRST IMPRESSION
COMMUNITY LANDSCAPE,
LOBBY AND CLUBHOUSE DESIGN

第一印象

社区景观 入户大堂 公共空间

下

⊚ 欧朋文化 策划　　黄滢 马勇 主编

华中科技大学出版社
http://www.hustp.com
中国·武汉

CONTENTS
目 录

东情西韵

现代之心

东情西韵

台湾诚臻邸
景观与公设

建筑商：冠德建设/龙宝建设
设计师：夷维港&龙宝设计部
摄影师：赖建作
主要材料：铜、石材、花柳木(木皮)、漆
地点：台中市西屯区市政路58-60号
面积：2 971平方米

"幸福就是，看见住户满足的笑容……

每回看着臻邸作品的完成，心情总是有着紧张与喜悦。

紧张，是想着每处细节是不是都依着心意完成；

喜悦，是预见住户眼光里透露出的幸福。

看着手机里臻邸住户留下的讯息，脑子里想着他们满足、快乐的笑容。

我相信，在所有的疲惫与压力背后，自己，是幸福的。

而这幸福，是来自每位臻邸住户慷慨地分享了他们生命中许许多多的感动。"

生活在这里的业主是幸福的，

营造出这方乐园的建造者也是幸福的。

一直非常欣赏龙宝建设，他们是一群把业主当作亲人，把建造人间乐园当作使命的理想主义者，同时也是一群热爱生活，用灵感激发生活情趣的艺术家，并且是一群把每一个细节做到极致，在实践过程中不断完善的实干家。龙宝建设是台湾少数不靠销售中心、不需要样板房，靠业主的口碑把房子卖出去的开发商。这家神奇的开发商都做了什么，让同行尊重敬佩，让业主鼎力支持。让我们从诚臻邸开始去解读一个开发商的用心和坚持。

将阳光、空气、水等自然因子引进环境之中，与周围大片植栽绿意共生。

近年来，全球环境的变迁，"生态""节能""灭废""健康"的健康住宅已是全球人类共同努力的目标，所以龙宝将建筑整合融入环境以适应气候。并建立项目和环境之间的联系，与环境互动，不只是节能，还利用阳光、空气、水的永续设计，充分考虑每一项细节。

因此为确保都市环境质量、发展秩序，提升都市空间景观，并保障都市房地产价格，增进都市的人性使用机能，且平衡人类环境发展与生态永续的远景，身为其中一份子，更要以此为设计方向。

因应都市环境及低碳城市、乐活生活之理念进行规划设计。考量整体地块特质，将诚臻邸与龙宝的另两个相隔项目（心臻邸和谦臻邸）形成一整宗基地考量，并规划出 2 400 多平方米的内中庭花园，在这如此紧密的都市中塑造出"口袋公园"的概念。

谦让，已成了臻邸建筑的另一特色。

正临 60 米市政路，基地退缩了 10 米。

诚臻邸基地面临市政路，交通来往繁荣，从都市尺度考量建筑物量体对都市之冲击，所以将建筑本身退缩 10 米，以较少建蔽率的概念规划出充满绿意的生活环境，缓冲建筑量体对都市的冲击。在退缩空间种植呼应生命气息的植物，移植原生种大乔木，映入眼帘的具有人性化尺度的视觉景观皆与大自然接触，让人沉浸在艺术品的熏陶中，与大自然接触、与虫鸣鸟叫共同生活。

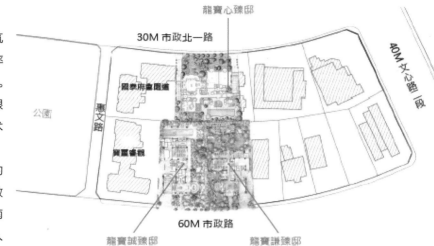

无论哪个季节，穿过了行道树，身边还是一片绿。只是简单的"退"了一步，绿意的延伸成了美丽的区隔。门厅前规划出一条散步步道，向西连接府会园道、夏绿地园道及秋红谷生态公园，往南则有文心森林公园相伴。因为环境太美，总是感动着这个区域的人们。低碳城市的生活，就此展开。

/建筑设计特色/

双并两栋；建筑，融汇新古典风格，形塑出宜居、乐活、低碳社区

双并建筑配置形成外部之开放空间及内部中庭区域，塑造出公园里的住宅，将阳光、空气、水、绿意引进生活之中，形塑出宜居、乐活、低碳的"诚臻邸"社区。

新古典外貌，都会地标

都会地标住宅意象

屋顶造型，充满欧式新古典美学，材质选用德国进口 kme 的铜绿色外饰屋瓦，而预氧化铜色铜板的铜屋顶会随着时间的推移呈现出表面纹路与颜色上的变化。

优雅休闲住宅意象

仿生造型栏杆立面，再加上户户阳台、花台种植小乔木及绿意，植栽四季的更迭，在呈现建筑立面丰富表情的同时，每一时、每一天、每一季、每一年，诚臻邸建筑都予人隽永生命的感动。

人性亲和住宅意象

典雅造型搭配立面瓷砖及石材多层次变化。造型力求简洁利落，仅强调基座与顶部的变化。

人文气质住宅意象

立面设计采取简化及保留精致的古典风格，展现人文的气质。在色彩上力求单纯，以暖色调为主，并于住宅立面以暖咖啡灰面砖搭配浪花绿石材展现建筑的大气风度。

/景观设计特色/

地面、空中到墙面，全立体景观绿建筑

一楼退缩建筑空间内设置公共艺术与园道相接，优于当地城市环境，将低碳环保及乐活生活相结合。

生态设计

以大量绿化（一楼庭园绿化、二楼露台庭园造景、三楼以上阳台花台绿化、屋顶花园）种植大量台湾原生种的大、中、小乔木，搭配多层次的四季灌木及草花，降低都市热岛效应，调节都市环境气候。

节能设计

● 基地内以不全面开挖地下室，将自然的雨水直接渗透地下，涵养都市土壤水份，形成地下水循环。

● 外观窗户以深窗设计考量外墙遮阳，东西向配置较少附属空间（厕所、衣橱）以将开窗量减少。

● 在照明方面，公设梯厅空间、地下停车场及室内走道以感应式照明来因应生活使用所需。

● 住宅有充足的开窗面，并开向南方以引进南风，方便进行自然通风换气。

● 安全尺度范围内，在低台度下开窗引进冷空气，气窗处将热空气排出，使自然风对流。

减废方面

● 室内隔间以轻隔间为施工方式。

● 各层楼地板以 22.5 厘米施做。

● 空调管路以明管设计。

● 结构体施工外墙披上防尘网。

健康方面

● 采用省水标章及二段式便器。

● 将雨水、泳池水回收做为景观浇灌之用。并将泳池水过滤再利用，可做为停水时之洗涤水之需。

● 庭园、阳台、花台、屋顶景观装以自动侦测雨水浇灌系统。

● 住宅的浴室、厕所及洗衣的生活杂排水管设置污水处理设施。

● 设置资源回收室及景观垃圾储存空间，将冷藏冷冻的厨余收集再利用。

中庭花园雕塑/ 妆扮

　　来自德国设计师的铁制动物作品，借由花草植物的妆扮，隐匿在都会的秘密花园中，春天盛开的朵朵小花吸引蝴蝶的驻留，夏季茂密的绿叶聚集虫鸣歌唱，自然妆扮的趣味在四季时序丰富的表情中，令人会心一笑。

玻璃回旋电梯/ 花漾圆舞曲

　　作者：杨夕霞

　　媒材：铜、铁

　　杨夕霞擅长金属创作的艺术作品。串联在玻璃回旋梯的节奏里，当芭蕾舞者穿上手工锻敲的舞衣，花朵藤蔓围绕在阳光倾泄的水池畔，徜徉在自然绿意中翩翩起舞，湖绿水面与玻璃映照着曼妙舞姿，在夜里透出微微的花漾星光，与水池的光影舞姿，共鸣出迷人的花漾圆舞曲。

/配套设计特色/

艺术融入空间，悠然流金岁月

建筑隐于基地内，造就了对外的开放空间与对内的中庭，阳光在建筑间移动，风在窗口吹拂，草地在呼吸，水在园林中潺流，艺术品在环境中伫立呼应，岁岁年年将会长成一座林阴森森的园子，人们在这样开阔的尺度中生活，动静皆宜，怡然自在。

艺术品像珍珠一样散落在社区的各个角落。艺术品的存在不是为了彰显富贵，而是在于涵养心灵。让穿梭于龙宝建筑的人们，能在不经意的视线里寻得心灵欢喜的泉源。

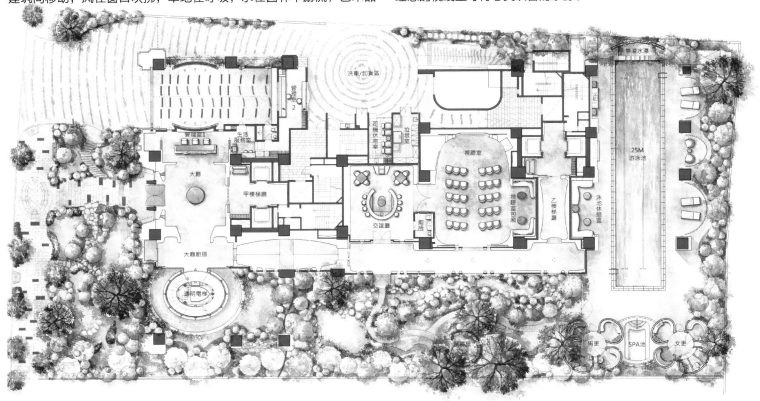

大厅

高挑的大厅，墙面以
温润的木纹肌理环绕，并
营造出曲线的柔和之美。

大厅艺术吊灯——星空下
的羽翼，艺术家运用纯熟
的编织技巧，将细如发丝
的金属线层层叠织交错。

位于大厅中央的艺术
品——舞者，透过金属线
绵密包覆主体轮廓的细
致手法，呈现出造型轮廓
的纯粹美感。

大厅艺术吊灯／星空下
的羽翼

作者：黄裕智

媒材：不锈钢线、
光纤

艺术家运用纯熟
的编织技巧，将细如
发丝的金属线层层叠
织交错，手指上的丝
线如魔法般幻化为银
灯苍穹，光纤在绵密
的金属线织网回绕着
点点星光，倾泄而出
的绮丽是星空下的羽
翼，在汩汩流动的银
河中展翅飞翔。

大厅金工/ 幸福对话
　　作者：杨夕霞
　　媒材：铜

大厅柜台相伴扶持的树干，呼应着诚臻邸 Honesty & Happiness，俩俩对语，倾诉着彼此的关心；枝桠绽放的叶丛，招手迎入的舞姿，是对家人永恒不变的怀抱，让回家成为幸福的开端。

大厅艺术品/ 舞者
　　作者：朴胜模
　　媒材：铝线、玻璃纤维

韩国艺术家朴胜模以著名舞蹈家孙明熙的美丽姿态为创作主题，透过金属线条紧密包覆主体轮廓的细腻手法，呈现出造型轮廓的纯粹美感。随着观看角度的移动，细密并列的金属线条蜿蜒缠绕出布料皱褶的柔软特质，在光影层次的变幻中闪耀着迷人的金属光泽，将瞬息变化的美凝结在动人的当下。

/艺术长廊/

一楼廊道吊灯

走入长长的廊道，眼前立刻映入一股暖暖的色温，顶上的吊灯，齐放出一盏盏扶摇而上的枝梗，在枝头点燃了一朵朵发光的花蕾，幽幽静谧的照亮着……还陶醉其中，却惊喜地发现，这已是生活的写照。

电梯厅

　　等待电梯的时候，正是提升艺术素养的好时机，左右都是艺术品，进入视野的总是令人舒心的画面。

接收的想象 似乎也如此真实（左）

　　作者：许圣泓

　　媒材：压克力颜料、画布、铝板

　　笔刷刷过，颜料质感的堆栈成形。透过绘画的材质与操作过程，将短暂、片刻的时间感，透过对目前生活的感受，呈现于作品中。作品看起来似有似无，忽明忽灭又忽近忽远，如同一种记忆般，深刻又模糊。

一楼梯厅／漫步巴黎（右）

　　作者：加布里耶·多索

　　媒材：油彩、画布

　　加布里耶·多索（Gabriel Dauchot）1927年出生于巴黎。多索因擅长刻划二十世纪初巴黎人的生活而闻名，数十年的创作，以直接的笔触和线条勾勒出巴黎人的性格。画中的男士，穿着既有品位又优雅，漫步于巴黎街头，给观者一种舒服自然的清新样貌。

信箱区

　　信箱区，设置碎纸机，供住户过滤广告信函。此空间亦设置了沙发座椅，可舒适坐在此处观看信件。

一楼梯厅／悲壮进行曲

　　作者：李足新

　　媒材：油彩、画布

　　李足新的作品善用明暗构，他的画面里，物体的四周既寂又神秘。借由光赋予主题生命，透过光线的照射，瞬间被凝聚于主体身上，适时展现出主体的形与质量。而作品中写实的主题，将人生的历程刻划于"小提琴"上，仿佛想借由小提琴的弹映照出漫长的时间与动人的事；而简单的背景处理，让主意象传达得更鲜明。

交谊厅

优雅圆弧造型的交谊厅，搭配同样圆弧形的吧台，在柔美的灯光下，可以邀您的亲朋好友享受这美丽的下午茶时光。

多功能交谊厅 / 形色人生

作者：张丽莉

媒材：铜

还记得深夜食堂里的人生哲学，点缀出感人温馨的小插曲。各有姿态的形色人生铜塑，如同深夜食堂的立体翻版：一个人、一种情绪、一种姿态，撰写出一个故事，摆置在吧台壁柜，流传着你我他的形色人生。

视听室

称这里为影音沙龙可能更适合些，因为观赏与聆听不单只和眼睛耳朵有关，还与椅子、灯光、温度，以及很多能使身心放松的因子有关，这些都被完整的顾及到了。

藏书屋

　　藏在中庭花园中的藏书屋，富有童话故事中的梦想，圆形木构造，圆周上嵌着长形窗，外围长着几颗大树，几个踏阶作为步道与缓坡间的延续……犹如去探险一般，总有发现的乐趣。

泳池

沿着回廊，屋外的一片绿延伸到泳池区。25 米的游水道似乎成了臻邸建筑的必备设施，让您在忙碌的生活之余，可以享受这健康的游泳休闲活动

洗手盆上的水龙头是百合花的造型。

男女更衣间

以仿生概念设计出幸运草造型的男女更衣间，伫立在泳池与Spa池旁，藏在绿叶下的戏水空间，令人对这里的水生活充满期待。而男女有别的识别标示，更是董事长张丽莉亲手设计的独一无二的艺术品，让泳池畔的风景增添了些许人文气质。

泳池男女更衣间/ 悠游

作者：张丽莉

媒材：铜

阳光洒落在心形的屋顶，印染出幸运草的翠绿，挨着墙壁寻觅嘻闹声的踪影，左右各伫立着一男一女铜塑，快乐无忧的姿态，就像亚当、夏娃戏水于创世，悠然恣意，保有最纯真原始的美好。

休闲嬉水池

栅栏上的鹅卵石小鸟仿佛唱着歌欢迎您的到来。

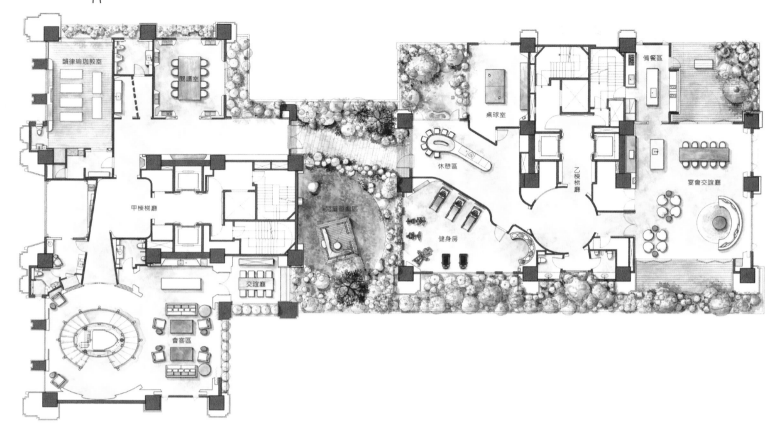

椭圆形楼梯

立于池中的椭圆形楼梯，巧妙地包覆着透明电梯，优雅地通往二楼会客区。十足的创意充分表达了建筑即艺术的理念，不必走上去就可以想象这里可以通往另一个精彩之处。

会客区

　　因为基地退缩，让空间明亮的二楼会客区在视野上更显得无阻。先是庭园里的绿，再是行道树的绿，然后越过中央分隔岛的台湾栾树到了另一头行道树，将近百米的距离之中，让视觉在每个角度都有着不同的景象。

宴会交谊厅

宽敞气派的石材铺地的宴会交谊厅，是招待朋友或贵宾的首选之地，而附设的备餐区，让您在宴请的佳肴准备上，更是事半功倍。

2F交谊厅/ 无题

　　作者：庄喆

　　媒材：油彩、画布

　　庄喆，1934 年出生中国北京，五月画会主要成员之一，现居于美国纽约。庄喆过去近半个世纪的创作主力均在抽象形式的探究，并持续以自然山水为根源。他尝试改变传统山水画，以抽象变形提升笔触简约成符号来呈现对自然山水的认识。同时，他有意将中国绘画的"笔法"渗入西画的创作，中西浑融，自创一格。作品中的大笔触与渲染和大量的留白，犹如中国的山水画，呈现优雅的气质和延伸的效果。

瑜伽韵律教室

可在多功能瑜伽韵律教室内进行运动，除了良好的采光外，墙面由艺术家所绘的树群图样，帮助您平静身心并且塑造出优美的体态。

纾压区

繁忙的都市生活总有让人身心俱疲的时候，在这里让专业人员按摩纾压，放松身心，起身后精神面貌也能焕然一新。

阅读室

阅读是知识力量的源泉，在社区建设完工之初，龙宝便会捐赠许多新书，内容包罗万象，当然也欢迎住户自由捐赠各种优良的书籍进行交流。

健身房

遵循着一天一万步的信念，为健康坚持下去，而每台跑步机前方均配备有 LED 电视，让大家在跑步之余增添许多趣味。

坐拥 270 度园林景观的休憩区是与朋友聚会的乐园，也是聚餐的好地方。换一种轻松的方式娱乐常常是一种高效的休息。

儿童游戏区

幼儿时对树屋的绮丽梦想，实现在这代小朋友的童年中。可以让小朋友尽情地穿梭于树屋之中，也可以是您家宝贝的专属秘密基地，童年的梦想与欢笑声在此展开。

桌球室

还记得以前少时跟朋友玩桌球的情景吗，清脆的桌球弹跳声与挥汗如雨的步伐，让您身心通体顺畅。

楼梯

铁雕艺术/ 暖暖相伴

　　作者：王忠龙

　　媒材：铁、鹅卵石

　　造型逗趣的卵及小鸟聚集着幸福的温馨，彼此依偎相伴共度过春夏秋冬；在阳台迎着晨曦落日与天空，在栅栏与虫鸟嬉戏看着花开叶落，在回旋梯的转角编织着童话故事的秘密角落，互诉衷情暖暖相伴，原来世界上最幸福的温度是家人的陪伴。

台球室与KTV

呼朋引伴，高歌一曲，或者与朋友来一局桌球对抗赛，运动了身心，也拉近了友谊。

KTV交谊厅彩绘／律动音符

　　作者：邓惠芬

　　媒材：压克力颜料

　　炫目的顶灯、动听的旋律，壁画彩绘运用曲线与色块，将音浪振幅出节奏强烈的波动，让身体不禁伴着歌曲，尽情舞动摇摆！

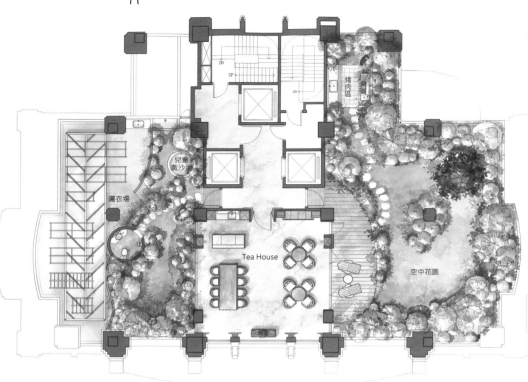

空中花园

在午后暖洋洋的气氛下，坐在空中花园里的躺椅上，可以读本散文，也可以翻阅绘本，享受着风和日丽的幸福时光。

晒衣场

晒衣（被）区，划分为有顶盖和无顶盖两个区域，你可以无须担心天气是晴是雨；而一旁的戏沙区更让你的晒衣时间成为孩子每天最期待的嬉戏时光。

烧烤区

周末，不出游就在顶层来一场星空下的 BBQ 吧，烧烤、啤酒是拉近友谊的最好媒介。

/停车空间规划/

- 一楼设置汽车、机车专用车道并设置汽车防水闸门，CCTV 摄影监控系统、长距离感应读卡器与防盗遥控器并用及警示灯，严格管制车辆进出。

- 地下室二至六层设平面式停车场，并于地下一层设置机车停车位及自行车停车位。

- 车道进出口设灯号指示标志及车道反射镜，车道边柱角加设反光防撞条，维护车辆行进安全。

- 入口设感应式高级卷门，遥控微电脑触控回升、防压、安全快速设计。

- 地下室一至五层停车场特别规划设置置物柜。

/贴心规划设计/

在看不到的地方一样精心设计

DIY 库房

诚臻邸在建造完成后，会预备一些常用的建材备料，统一放置在地下室的 DIY 库房，以方便之后的维修保养。

地下室置物柜

每户在地下室车位旁均设有置物柜，可放置一些汽车用品，或一些不常用到的物品。

手推车

各层地下室均备有数辆手推车。当您外出购物，有较多的物品时，就可以利用推车，将物品轻松地运送到家里。

"知你所需，想你所想，防患于未然，因你而改变"。龙宝所做的贴心设计远不止以上这些。建造一所好房子对龙宝来说只是开始，营造一份幸福的生活才是他们矢志不渝的追求。除了工程上的精益求精外，还体现在对社区生活的全面介入，从各个细节为业主提供便利，主动导入文化艺术涵养，并在居住的过程中不断与时俱进，根据客户的需求与实际情况进行调整，这样的房子随着业主的生活一起成长，装载着业主的体验与情感，在日复一日的岁月中，成为业主一个满载幸福与爱的港湾，试问这样的家谁又舍得放下呢。

台湾十里静安公设

设计公司：ID+A长荷设计有限公司

设计总监：郑邦 (Ben)

设计师：至瑜、明宜

撰文：林雅琳

摄影师：刘俊杰

主要材料：伊丽莎白大理石、晶线米黄大理石、金箔壁纸、皮革、茶镜、橡木

地点：新竹市光复路

面积：（室外）1 2210平方米、（室内）201~281平方米

郑邦："我们一直认为：追求更好的欲望，加上多元人文淬炼后的省思，往往能为建筑、空间带来更多意料之外的可能。而设计除了让空间的组成更臻完美，也赋予整栋建筑源源不绝的能量与表情。"

新兴而有特色的建筑，是都市发展模式的一部分，但光是一味求新而不考虑时间、文明背景于建筑而言并无意义，尽管台湾各地如雨后春笋般的新推建案里，无不以冠冕堂皇的词汇，涂红抹绿、精心包装，然而只有真正用心打造，多方面结合人文、艺术的指标性建筑，才能真正融入生活、走进人们心里，成为一种与梦想划上等号，无数层峰仰望的代名词。

公园绿建筑

新竹光复路上六栋并列的磅礴建筑群——十里静安，现已成为当地最醒目的地标之一，前迎绿意盎然的长春公园，与广达 180 米的精致中庭一脉相承，如同森林层层环抱；基地先天的优美指数令人歆羡，也是未来预约低碳绿生活的重要资源。六座并列的建筑体，基座全部采用灰阶岗石起造，完美融合理性现代与感性古典的伟岸建筑外观，当仁不让成为众人举目瞻仰的焦点。

而内部气势非凡的迎宾大厅、多项低调奢华的丰富设施，皆由屡获殊荣的 ID+A 长荷设计有限公司统筹规划，除了将建筑外廊的古典艺术特质，继续延伸至室内空间，最让人印象深刻的人文创意，是在恢宏的公用殿堂内，适度点缀美学性格鲜明的中土文物、拙趣老件、水墨字画等，架构移景入室、以人为本的新东方美学！基地总面积广达 12 210 平方米，加上 180 米的敞朗前庭遍植绿树，终年繁花似锦，环绕中庭四周另规划雅致的采光穹顶凉亭、古典岗石列柱回廊与愉快的喷泉水景，将欧洲悠闲的生活底韵与艺术性巧妙连结，菁英独享的层峰版图无远弗届！

以岗石列柱精心打造的欧风回廊，勾勒出既磅礴又深邃的迷人景致。

挑高大厅气势宏伟,中央倒挂的锥斗状天花板搭配巨型吊灯,比例拿捏得恰到好处。
挑高七米余的迎宾大厅,搭配中央醒目的 X 字形双向梯线设计,引出古堡般尊贵气质。

孔雀开屏

从建筑体基座上缘的金色格栅列柱屏风、各个人员进出的精美铜雕大门、大厅石材拼花地板与多处墙面的浮雕端景上,都能欣赏到如同孔雀开屏般华美又大气隐喻圆满的凤梨花形家徽图腾。设计师以不同的工艺媒介,传递相同的图形符号,除了重复出现的视觉语汇,容易强化情感的认同与向心力之外,也让整个社区弥漫着优美又精致的设计品位。挑高七米余的迎宾大厅气势磅礴,高处开窗引人极目远望的深邃大尺度,搭配大厅中央醒目的 X 字形双向梯线设计,引出欧陆古堡般高人一等的尊贵气质。正中锥斗型天花板以华丽金箔涂装,底部垂挂光影璀璨的大型水晶灯,掌握恰到好处的空间比例。大厅内特地以接近留白的布局处理,表现巍峨堂皇的空间之美,并选用大量纹路细腻的伊丽莎白大理石作为主要墙面、地面素材,给人温润且静谧的感官感受。除此之外,应用在这处大型公共空间设计案中的装置语汇种类也相当特殊,颠覆国内社区规划常见的西洋艺术,设计团队大胆提案以具有漫长历史源流的中土古文明老件,传达出独一无二的文人气质。最初设计师提出这项想法时,业主其实有些忐忑,担心中国味的古朴过于沉重,影响大厅、休闲厅等公共区域的和乐、愉悦气氛,但事后证明别出心裁需要勇气,更少不了有识之士的赏识。公共厅区各处,皆能欣赏到各式古家私汇聚中西合璧之美,将不同人文气质转化为疗愈人心的空间艺术。

领袖专属

　　"十里静安"不只有建筑量体的气势，公共设施的精致度也不同凡响，所属产品也采用大尺度、大坪数的现代大宅配置，稀有性与增值性都足以震撼北台湾。"奢华"二字对贵宾会馆内部装饰来说仅是轻描淡写，光是情境与各类机能量体、装置艺术的铺陈，就已经高潮迭起，让人目不暇接。墙面直列的低调线条，引导视觉体验起伏有致的灯光布局。为了打造一处让生活更有深度的环境，设计师以精简而流畅的线条，凸显结构量体的力道、比例与质感，并透过不同材质、色阶的衔接、转折变化，改写现代豪宅的大度格局。会馆内呈长轴呼应的窗边休闲区、三五好友闲聊的交谊客厅，以及最适合多人宴会、举办主

题派对的复合餐厨区，本身就是贵宾住户们最向往的空间类型，规划上首先加大主动线的面宽，以营造特定空间的朗阔大气，并经由前后呼应的聚落定义，塑造各有特色同时相互支援的完美机能轴线。特别是可容纳十余人同时用餐的超长餐桌上方，精心搭配特制长列古典灯饰与镜面天花板，让星空般深邃反射的光影，刻划出迷人的感官体验。桌旁等长的餐台区以石材打造洗练轮廓，外观同样镶嵌镜面以虚化庞大形体的重量感，全室地面统一铺设厚软的深灰色地毯诠释地面的无障碍，最棒的是，不同的交谊单元间备有可收折的轨道拉门设计，让这处空间可随时独立成好几个隐秘单元，动静皆宜的巧思，是公设项目中不可多得的实用杰作。

地面气势十足的星芒状图案，烘托出殿堂般气宇不凡的建筑风采。

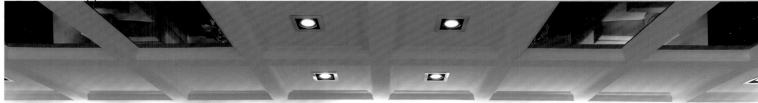

分镜的大幅梅花水墨，将东方特有的文人之美，转化为别出心裁的装置艺术。

窗边休闲厅以上下呼应的圆隐喻圆融，并巧妙辅助界定空间。

可容纳十余人同时用餐的超长餐桌上方，精心搭配特制长列古典灯饰与镜面天花板，虚实折射的叠影格外迷人。

端景墙面以徽饰浮雕图案揭露视觉重心，上方巨大的深色窗棂格天花板，则有安定空间的实质意义。

厅内多处点状摆设中式风格单品，营造暗香浮动的新东方美学。

厅内上下相似造型的等比呼应，加倍彰显建筑挑高特色。

地板大气又精致的石材拼花图案，沿用家徽语汇作为视觉主题。

台湾中央公园公设

设计公司：玄武设计

设计师：黄书恒、李宜静、邱楚洛

软装设计：山景空间创意

摄影师：赵志程

撰文：李竹芸

主要材料：黑云石、银湖石、云彩灰、金凤凰、白色马来漆、胡桃木板、樱桃木皮

面积：5 015平方米

B栋

A栋

C栋

/再现盛世荣耀 收藏美好时光
女王降临 遥想千古风流人物/

维多利亚女王以宏观视野与坚毅雄心，为英国创造了中产阶级崛起的富裕社会，64 年的执政生涯里，她以崭新的思维引领政策，开放的态度经营家国。居住环境与对象的装饰之美，也从繁复的古典脱胎换骨，取而代之的是集优雅与闲适于一体，细腻与奢华于一身的新美学观。玄武设计洞悉英国维多利亚时代，认为其婉约线条与柔美色彩，能够完美诠释豪宅的精致韵味，故将之作为本案设计底蕴。

绚丽设计 尽收经典绝代风华

挑高十五米的大厅，吊灯晶湛透亮，恰与地面拼花相呼应，同时，两旁高耸石柱与窗花，让入口空间显得堂皇大气，流泻出古今交融的韵致。步入阅览室，西式图书馆风格凝结其中，繁复雕花楼梯与简洁壁面谱出反差，当光线自穹顶倾泄，大英图书馆的百年风华尽显其中。贵族酒吧以纯白柱饰、流线天花、棋盘地面为底，造型家具、长沙发与窗帘以跳色点缀，尽显低调沉稳的绅士气度；宴会厅中偌大的圆形桌和表演型的湖水蓝餐椅，为镜面与金属交陈的剔透空间，打造出中西混搭的冲突美学。维多利亚时代，从过度繁复的工艺中得到解放，同时寻求一种更优雅、享受但又不忘表现细腻奢华的生活步调，加上统治者为女性，因此当时社会形成了一种特有的典雅、浪漫、高贵的格调，和此案相得益彰。

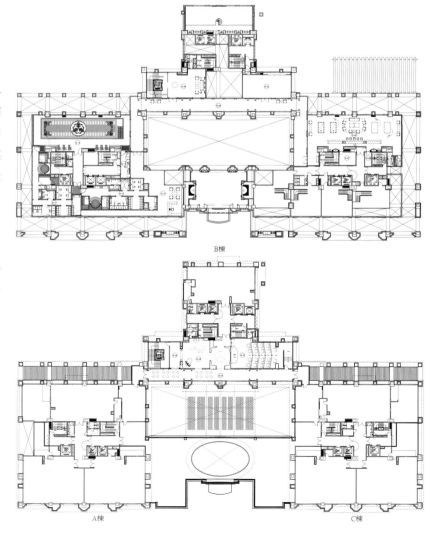

B栋

A栋　　　　C栋

台湾富宇伯丽公设

设计公司：含奕设计
设计师：曾文和

设计的背后，往往存在着一份不可言喻的严谨态度，需要用感官亲身体验。在这栋高级住宅的一二楼公用空间，既透过妥适的材质搭配与色系演绎，同时展现迎宾气势以及生活韵味，让人置身其间如同徜徉于时间洪流，坐享隽永且耐看的空间品位。

特别是一进大厅，两侧对称排列的六根大理石廊柱，撑起敞朗挑高格局，加上地板与立面也以大理石铺陈，其明亮但蕴含细致纹理的温润质感，在精心搭配的人造光源投射下，进一步演绎清朗优雅，不易显得冰冷，也无距离感，更不会觉得单调沉闷。

转入一体通透的休憩座位区，特地仿效居家布局，分为规划有像是客厅的沙发区与像是餐厅的长桌区。因为两侧均有大面落地窗，于是视野串联延展，不仅映入满眼庭园绿意，也提升了室内光感亮度。而相对应这份带有温度的明亮基底，从大厅柜台立面开始、沿着空间尺度伸展配置的开架式柜体，以及烘托满室古典气韵的桌椅家具，多以温润沉稳的深色木头作为材质，加上柜体底部装饰深蓝色壁布、沙发椅套表层的提花装饰，一同营造出优雅、丰富且充满细节的层次视感，每一转身都有风景。

　　脚踏着木质层板、手触摸着铸体雕花扶手，随着旋转楼梯上至健身房与瑜伽教室，会发现四周都在诠释着典雅意境，让用来放松纾压的空间，多了一份人情味。一体延展的木质地坪与立面门板，显现深邃纹理与质朴色泽，搭配黑色铁件门框与散发晕黄光线的投射灯、立灯，不仅强化原有格局气势，久待依旧舒适自在，得以全方位感官享受休闲情境。

台湾总太东方帝国

设计公司：大块设计
设计师：施佑霖
摄影师：刘俊杰
主要材料：意大利檀木钢烤、箔金米黄大理石、樱桃黑大理石、黄铜蚀刻地坪、定制铁件烤漆扶手、金箔、实木木地板、透光石板、复古镜、进口壁纸
面积：2 425平方米

/以柔缎丝絮朗读空间的声域/

在凝立似伟大不朽坚毅的帝国空间里，特以柔缎般的诗意，在帝国的边缘，细细琢磨所有接合的缝隙；那是物质与心灵的丝丝相扣、材质与触感的衍生共构，架筑起的空间里，涵纳着东西传统文化互放光华的辉映。形与无形，都在时与光的河流里……

因此我们可见，敞朗的空间里，切割是为了流畅动线的前置排序；在极奢华的材质上，配置的深浅、表里、前后、比例关系，意味着同时纳涵缱绻及简约的相对元素，那是一种进退、吸纳、虚实、消融或堆栈、对称或不对衬。手法可以极尽巧妙极尽多元，而支撑其架构底下的，却是满溢的情感。

前厅

一进前厅大门，趋步向前，视线延伸至端景处，一轮宛若不全圆形的明黄之月，映射在以铜版镶雕的大理石地上，湛蓝星空拱着明月，与周边高耸的以线条雕刻梁柱与以金箔如丝带旋转的天顶造型，悬吊着水晶琉璃灯，以及纹路如溪水曲流的大理石地，互相蕴合着。

这高达七米的琉璃是水仙大师 Master Narcissus Quagliata 的作品——无限。他曾为高雄市捷运美丽岛站创作了一件名为"光之穹顶"的公共艺术，"无限"则是他受总太建设公司之邀所创作的全亚洲第一件私人委托的作品，犹如光之穹顶以高度凝光色彩笼照空间，"无限"在东方帝国的大尺度下，亦大放异彩。

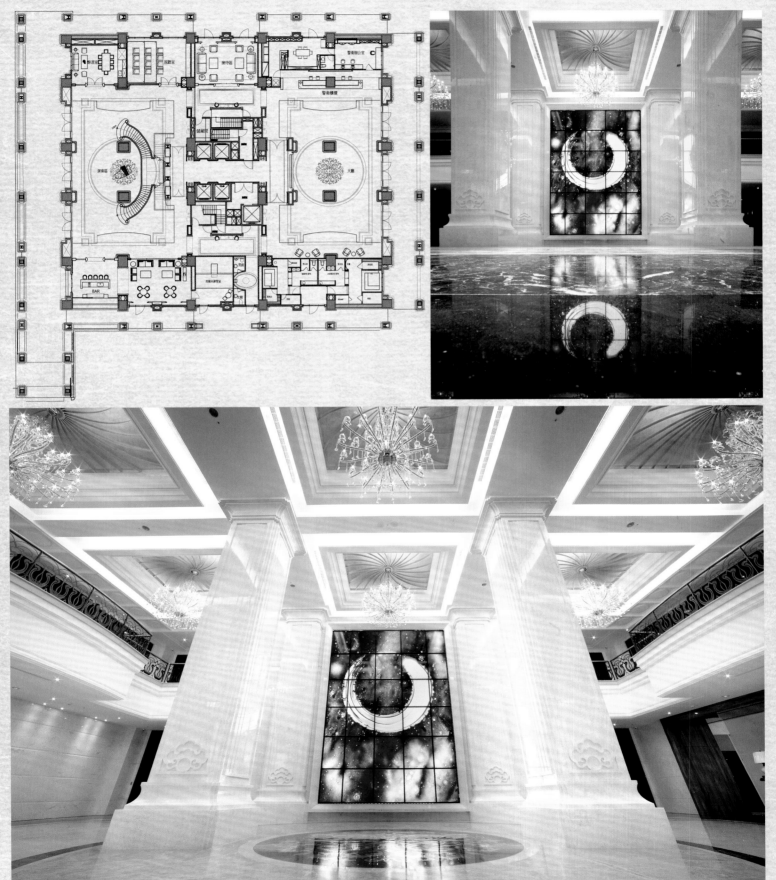

演奏厅

可以想象乐音在七米高的空间里缭绕、回荡，天顶的金箔色丝带同时有序地旋出，牵引着悬吊的水晶琉璃灯，像多位芭蕾舞者立地旋转，瞬间抛掷出一段以晶莹剔透包裹的梦幻之舞，而帝国的住户们斜倚在黄铜镂空图腾之弧形回旋梯上聆听与低吟。

此处是所有空间的转缓点，弧形线条拉开了所有动线；拾阶而上，可达几个具有私密功能的公设空间，如健身房、厨艺教室与宴会厅等。大门向右转，可见联谊会馆的琥珀色发光吧台，向左转则见着醇酒室的红褐色砖块砌筑的一道壁墙，一样的深邃，引领人趋前走入。

这里也是公设空间功能敞开与半敞开的分界，然而，所有推进入室的厚实大门，皆以沉稳之姿，接续内与外的空间氛围。

迎宾区 迎宾如归

　　这里有多层次的色彩堆栈，让空间鲜活、让空间对其包容的性格辩证无碍。 两边对称的古典家具，像是有着岁月为其美好而滞留的痕迹，墙面的古典花色壁布，围塑着金色多层次框边的窗户窗帘，地毯亦以米色边镶金花纹地毯铺陈，以区隔相对称的使用区域。悬吊的荷兰设计师 Marcel Wanders 设计的齐柏林飞船吊灯 Zeppelin，无重力感的垂缀着，天花是带古典的银框的茶色镜面，墙面两侧亦以黑色镜面为框架，框起更大尺度的镜面，使得接待室有不断进出的层叠时空意象。

交谊厅 沉湎艺术的场域

浏览着一楼大厅旁交谊室的壁面，赵无极（1985年，油彩画布，95cm×105cm）兼具东方涵蕴与西方技法的油画，随意而熟稔的笔画漫天渲飞，意欲突出平面框架的囿限，将抽象画无垠无限的态势倾泻而出，却又在每一个收束之处，像个缓步低声的行者霎时绽放的情感。衬着这幅令人思绪奔腾的抽象画，是一片以淡金色混合着不规则乳白色纹路壁纸为主色调的墙，如海的纳构，由墙面边界漫出去，天、地与周遭是璀璨气息的延伸；一整片以有序方格铺排的古铜金属栏框与夹着薄纱纹理的玻璃共同形构的墙，提高了交谊空间的敞开度，搭配古典沙发、桌子、座椅与方格木地板，质感沉稳亦悠然写意。而看似华丽垂坠的水晶吊灯，以黑色天花漫染优雅线条为底，宛若收束后的光芒，隐晦地将空间导入深邃之中。

联谊会馆吧台 停驻转折

初入交谊室，金属铜件与雾面玻璃之墙向两边展开，琥珀色的透光石片像巨河流动般，向人倾诉水的海纳量，不只是刹那的涌进涌退，它可以在一夜之间翻覆搅动成大江大海。吧台柱体也延伸至琥珀色石，铜条拉出了线性的视觉走向，亦婉转了斜切面，泽红色的特殊石面之厚实量体，正可以稳住一个长桌面的气势。水晶串灯至顶流泻而下，如江海旁的瀑布，波光褶褶，无尽闪耀。

醇酒室与茶室 香味的蔓延

回到欧洲古堡的酒窖里，侠客收起箭梢，翘腿坐在扶手椅内，扶手椅弯折的线条一如其俊美的侧脸弧线，身旁是用大理石砌起的暖炉，墙面是红褐色砖，砖墙横跨着一条不收边幅的实木块，墙上的油画于粗犷与细致之间，演绎着那首略微模糊的蓝色交响曲。层架陈放着供人饮用的醇酒，剑客瘫坐在舒软椅垫内，那样的放松，仿若将自身深深地融入背景中。

这是一个会令人联想到很多西方潇洒故事的场景，而另一边的茶席摆设，也正在诉说着东方传统故事里，那些令人吟醉的美好时光。

侧梯厅 夹道而成的端景

大厅背后的廊道，有设计师为"无限"内藏灯光的机关内墙所设计的装置壁面，以金属镀铜色的大小块体有序拼贴，凹凸面的错落，正可以收纳内部管线，亦同时造成了视觉上的动态感，并以金色如画的框架框起装置，如同用一幅画，形成一个的视觉可暂留的走道端景。廊道尽头，左右两侧大梁下的畸零角落，转化为艺术品展示之处。而相对于另一个梯厅廊道，是以铁件密布切割而成，以中式图腾所设计出的镂空虚墙，并以对称姿态，在端景处作为艺术画作的沉稳支柱。

御宴厅 宴席不散

从金银箔天花板结缀而下的意大利顶级经典工艺 Barovier&Toso 全手工水晶吊灯，简洁而有形有款，充满尊荣感的中国红丝绒布定制椅，椅背为象征富贵的手工缝制牡丹缎带，周围是表情沉着的木皮墙面与深刻纹理的大理石地面，两者共同围塑起餐宴氛围，让用餐顿时成了神圣的恩典。

二楼厨艺教室 品位的习艺

对称的白色厨柜，是餐桌也是料理台的中岛，纯白色的铺陈像是尚未上颜料的白色画布，而即将浸染上的是习艺味道的爱好者的料理滋味。空间宽阔四周低限的装潢，旨在创造一个无干扰的烹饪环境，五味杂陈却不混乱。

二楼纾压芳疗室 身心吐纳

以厚实的砂岩砖层叠砌筑，带点粗犷的设计感，地板是柚木的实木，一进门即闻到浓郁的柚木香味。让舒服的、迷人的暖色调，早一步传递至心窝里。泡澡、蒸汽室、烤箱、私人Spa、美甲室，让每一寸肌肤随着这里的每一个空间，顺畅地呼吸吐纳。

三十八楼阅览书房 辟室取静

挑高的空间，将两侧顶天的实木书柜，宛如中古世纪图书馆的规模与大气表现了出来。

再用两面暖黄色石墙，微隔出三个小空间，他们有各自属于自己的宁谧区域，两边的沙发区，是阅读声音与文字的书斋之地。中间是长长的木桌木椅，辉映着一长排古典吊灯，顶上是三个椭圆形构的立体造型天花板，像一只吸纳朗朗阅读声的大耳朵，于是，在阅读的密林中，声音悄悄来去无痕。

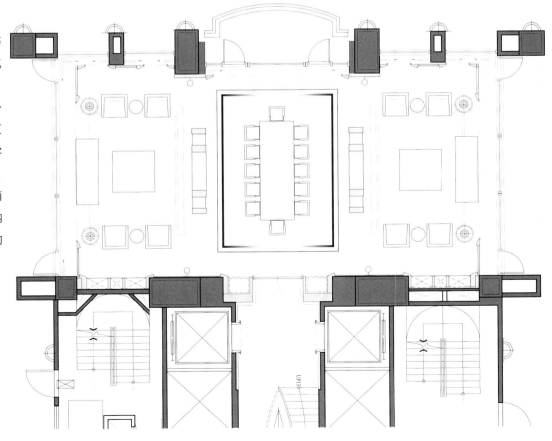

顶层尊爵会馆 绚烂齐放

从 38 楼沿着回转水滴形楼梯缓缓漫步上顶楼，铜制扶手上裹以牛皮，有感于工匠精致的手工车缝线的质感，推开铜制精工大门，映入眼帘的是量身打造的通透造型镂空酒窖，接着是从天花洒下数以千计的中空透明压克力圆管，数位 LED 灯光设计，转瞬变幻色彩绚烂无比，七米长的厚实原木吧台台面，提供给住户如专业酒吧的服务，视线延展至远处而无物遮掩，360 度的环形绝景就在眼前。

在这里，魔幻写实的意境，让人以为触摸天空的距离更近了。

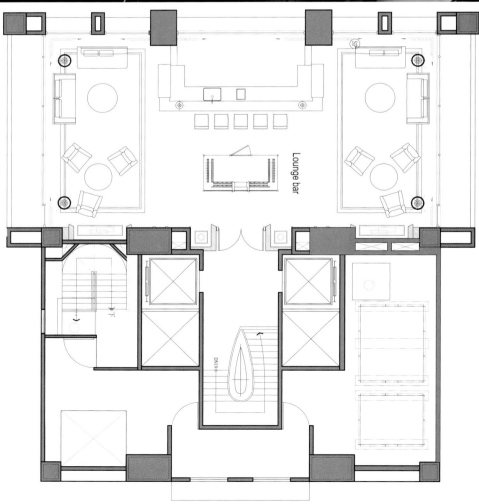

台湾温莎堡景观与公设

设计公司：天坊室内计划
设计师：张清平
主要材料：米黄石、茶镜、黑镜、金银箔、
橡木、沙比利木皮
面积：3 947平方米

/艺游无尽/

　　温莎堡位于高雄市鼓山区富农路，巴洛克建筑设计量体以千吨雄伟花岗石材的厚重质感，打造出如同欧洲宫殿建筑般磅礴的气势，从立面宣示着主人的权势。天然如波纹般的动态纹理，细部凸显力道十足的空间样式，高耸的宫廷石材荣耀基座，撼动人心，使参访者无不赞叹惊呼。

　　手工打造飞天翼狮镇守王者城池，质地精美、体量宏大，让人宛若游走于被肖像、动物雕塑包围的凡尔赛宫。一楼挑高 9 米的进口岗石列柱群、罗马圆拱门廊所组成的古典回车道，气势逼人。以迎宾大厅为起始，室内空间宁静、和谐、大方，弥漫着复古、自然主义的情调，凸显出十足的贵族气质。光辉璀璨的气派接待迎宾大厅就是现代王者的崭新生活舞台，吊灯、隐藏式光线与大理石壁柱及优雅线条管理员柜台交相辉映，皎洁的石材地板，反射着挑高空间闪烁的晶亮光芒。宴会厅秉持典型的法式风格原则，雕花、真丝提花面料，配合扶手和椅腿的弧形曲度，显得优雅矜贵，而在窗帘、水晶的搭配下，浪漫艺术之感扑面而来。

　　设计以一种自在、新贵的态度来贯穿使用者与空间的关系，一抹金色色感的连贯动向中，铺陈真实而高贵的幸福感，强调纯粹、贵族的世界。空间布局上突出轴线的对称，结合细节上对法式廊柱、雕花、线条等的运用以及豪华舒适的空间陈设，突出恢宏的空间气势与尊荣典雅的浪漫情怀。

　　温莎堡以艺术的登峰造极，打造出王者品位的世界观；以细腻的艺术设想勾引出使用者的情感回忆，艺游无尽让人享受。

台湾文心森咏公设与实品屋

设计公司：ID+A长荷设计　　撰文：Yves

设计总监：郑邦　　　　　　主要材料：意大利洞石、橡木

设计师：林秀慧　　　　　　染黑钢刷木皮、茶镜、玻璃

项目经理：Ken　　　　　　面积：330平方米

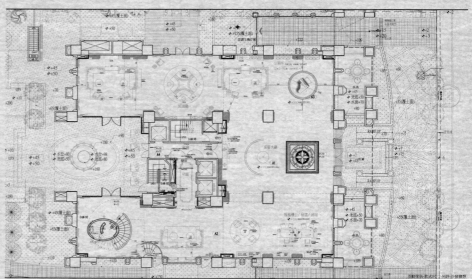

ID+A 长荷设计一直以来追寻设计的极致面貌，希望打造出如艺术品般优雅的意境。在最新完成的作品——文心森咏公设与实品屋规划中，不仅彰显优雅姿态与大气奢华，还演绎一种讲究比例与秩序的生活美学，让空间像是一首凝固的乐章，呈现臻至永恒的完美。

和谐对称 优雅布局

鉴于文心森咏的建筑外形呈现古典样式，因此 ID+A 长荷设计取材古典美学，从庭院喷水池到接待大厅，无论地坪拼花图案、天花板灯饰装置或是格局划分，皆借由对称手法与优美曲线，勾勒出非凡绝伦的迎宾气势，并且在挑高开敞的天地面构成中，铺陈低调奢华质材与优雅温馨设色，既建立一股和谐韵律视野，也烘托出自信有余的豪宅姿态。

其中，在一楼阅读区可以看见柔和的背景立面，梁柱门框、天花层板、立面柜体与古典造型家具，特地以深色收边勾勒，使得开敞穿透格局增添立体层次，加上大方又灵动的家具陈设，让公设区域不显拘谨，反而流露出居家般的氛围，让人倍感温馨舒适。接着，沿着圆弧旋转楼梯至三楼交谊厅，圆形吧台对应着仿佛涟漪泛开的造型天花板，再辅以情境光雕，更显优雅别致。同楼层的宴会厅与视听室，也延续典雅大气与时代品位，在沉稳材质用色与对称线条铺陈下，形构出一幅既赏心悦目又汇聚美学深度的隽永景致。

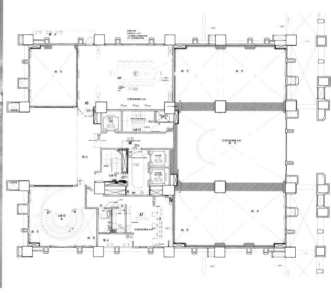

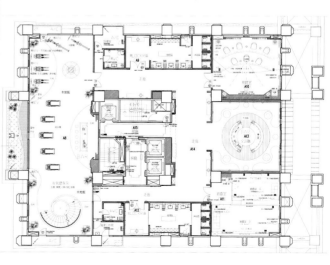

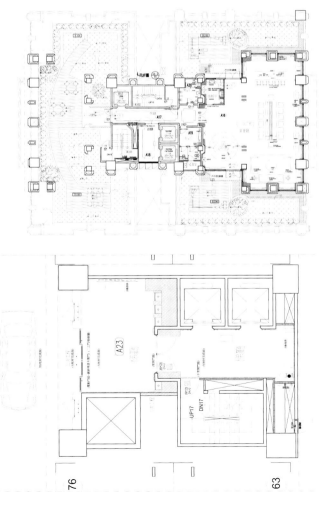

高贵气派 悠闲兴味

相对于追求极致奢华的公设区域，ID+A长荷设计在实品屋空间规划上，不仅希望营造高雅风格，也期盼流露出柔情内涵，满足居家渴求的温馨自在氛围。

进入格局方正开敞的客厅，立面布局便透过单一材质延展，创造流畅空间尺度，加上环伺温润色调中，依旧采用深色勾勒收边，也丰富对比层次。

玄关转进客厅的动线，一整面开架展示的平台，直接对应落地窗外的半露天休闲阳台，让作为居家门面的客厅，同时坐拥典雅品位与自然兴味，尽显大家风范。再转进一体开放连贯但保有各自独立性的餐厅与厨房，天地面由温润自然材质诠释，相衬着深色妆点的柜体、家具与灯具，同样维系着优雅明朗空间基调。至于卧室私人领域，重视机能属性与情境营造，所以巧妙划分格局后，附设一间独立书房，然后整室铺陈木地板，演绎内敛静谧意境，而米白或奶油白家具寝饰，搭配深色床头柜和门框收边，交织出清雅不凡的多重层次，让空间兼顾理性与感性生活面向，彰显人文知性之美。

古典美学 隽永格调

因为交融东西经典元素，撷取和谐对称与天圆地方的古典精神，从宽敞挑高大厅、阅读区、会客厅、会议室到视听室，皆形构出象征完美的空间比例与视野秩序，然后在实品屋布局规划中，也延续这份隽永设计美感，营造耐人寻味的格调与气势。

台湾同兴协记·澄品公设

设计公司：天坊室内计划
设计师：张清平
主要材料：大理石、橡木、玻璃、不锈钢、镀钛
面积：634平方米

随着生活品质的逐渐提升、建案不断地推陈出新，面积的大小已不再是住宅的必要条件，公设所给予的附属机能，渐渐成为时下考虑购屋的重点因素。在搭配建案推出的同时，赋予一个主题性的架构，让住宅空间更具生活魅力，这样灵魂主轴的空间表现，在设计师的规划创意里，依循着线、面的发展，当下即可领略到无可限量的空间张力。

本案是位于台中市大里区立中街的澄品（同兴协记建设）社区，包含皇室迎宾大厅、图书休息室、图书中心、妈妈教室、健身房、儿童游戏区、电影院、水景等32项设施与造景，设计从空间结构、灯光设计、景观工法、空间感的设计与规划到建材的使用，全方位实践"环境共生宅"理念，强调回家就像度假的核心概念。

设计以开放的空间布局，打开辽阔的窗景，营造出视觉的流动，打开空间的尺度，以视野为无压力的生活拉开序幕。借着流畅的布局，来展现空间的生命力。经典的黑白色调、干净洗练的线条、现代质感的媒材，细腻地串联起各个不同的功能场域，每一个转折进退，都精彩地演绎生活的艺术，彰显出简约而隽永的张力。设计的独到之处更在于利用变幻的光影（包括自然天光与人工投射的光影）效果来勾勒空间面貌，带出一种沉静、随性的空间美感和思想。

开阔的迎宾大厅，挑高 5 米的气派让人将视觉焦点集中在天花板白色的独特设计上，点、线、面的几何形象用一种看似随意、漫不经心的手法和笔触，营造出一种整体性的画面。家具同样选择白色的，搭配木框架，简约的格调很符合整体空间的品位。地坪与接待台一样，以光可鉴人的黑色大理石铺设。如此，在白与黑的对比中，安静的生活调性便构筑出来。

图书休息室、图书中心、妈妈教室，采用无隔间开放式布置设计，通过模糊功能区域之间的界限，让空间的使用更加随性，同时在一片宽敞明亮中，达到开阔身体、舒缓心灵的效果。屏风是黑色的花卉图案，与天花板花开的图案及屏风上黑色的花卉图案一样，只是结合灯光映射，使得整个天花板变得十分轻盈，具有极好的装饰效果，与彩色的坐墩一起，让空间多了一种活泼、调皮的情绪。健身中心整侧的落地窗，更是将阳光与绿意导入室内，使室内环境与自然同步。

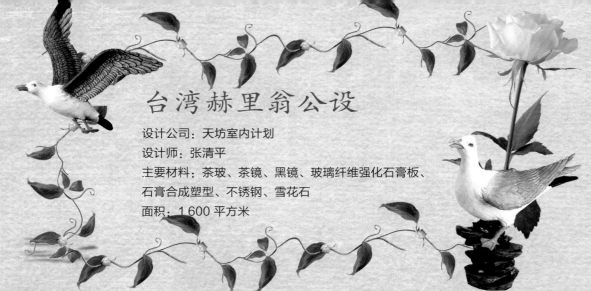

台湾赫里翁公设

设计公司：天坊室内计划

设计师：张清平

主要材料：茶玻、茶镜、黑镜、玻璃纤维强化石膏板、石膏合成塑型、不锈钢、雪花石

面积：1 600 平方米

　　本案以欧式古典风格为主轴，在设计上讲究心灵的自然回归感，给人一种浓郁的气息。风格整体严格把握，且在细节的雕琢上下工夫。立面色彩典雅清新。布局上突出轴线的对称，恢宏的气势，宫廷大厅里，华美的欧式古典留下唯美梦幻的浪漫印象，在跨过数个世纪的现代，撷取传统古典精髓的美感与线条。配合挑高的建筑建构展现美观大气与实用机能，运用雅致又强烈的视觉美感，将现代与古典在空间中进行完美融合。

　　设计从神话精神出发，双弧形的泳池、飞天狮神兽、壁饰浮雕等石材精铸建筑元素，创造现代官邸皇居。

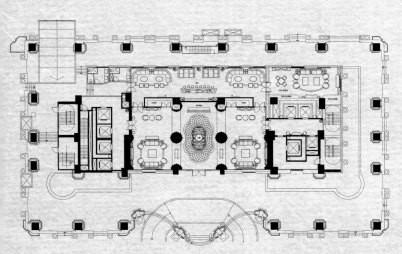

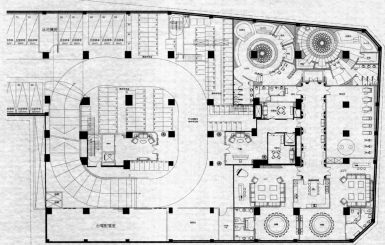

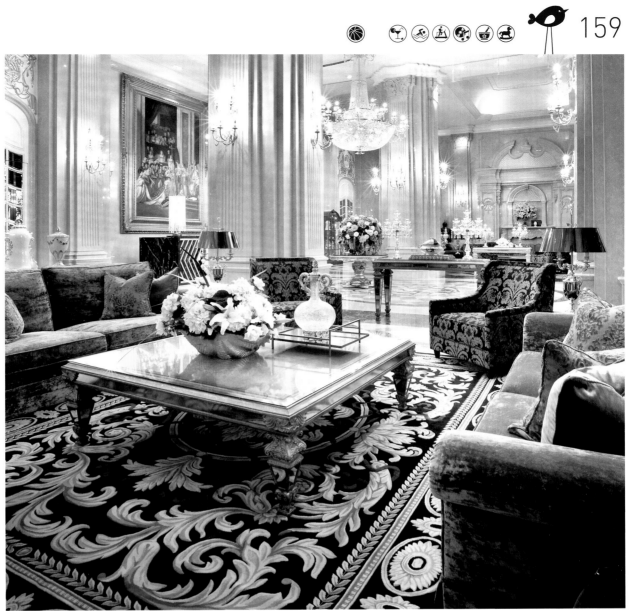

台湾中悦
丽苑公设

设计公司：天坊室内计划
设计师：张清平
面积：1 720平方米

　　中悦丽苑公设有一种血统，那就是对古典美学的执着。传承自罗马的古典式样、中轴对称、华丽的雕纹装饰、柯林斯式柱列，展现出自外而内，流淌于血液中的极致华丽。不只建筑外观有明确的自明性，内装也承袭着古典华丽的风格，施工精致于细节处展现价值。

　　中悦丽苑公设采用独立会馆设计，与住宅区隔离。公设分为一楼与三楼，一楼采用岗石列柱及家纹石雕并设迎宾回车道，门面气派典雅，立面线条对称稳重，外墙材质用色低调沉稳，铺设日本还原砖，在形状、色泽及平整度具备高水平。大厅挑高 8.6 米，以鎏金、咖啡为主色，地面铺设大理石并讲究对纹，内部屋突打造穹顶造型辅以更多的细节、花纹装饰，让空间更有品位与高质感，营造出豪华气派的感觉。同楼层并设有KTV及健身房。三楼则规划有社区咖啡厅、交谊厅、540 平方米的温水泳池、花园、烹饪教室与会议室、图书室、KTV 室等。值得一提的是，不同于过去中悦公设空间都是在空间完工后再挑选家具配置，本案公设的家具先就公设规划配置好后，再由家具厂商量身定做，不同于过去个案的金碧辉煌，可以说是相当独特的配置。

　　此外，"中悦丽苑"案名中的"丽"有花的意思，因此，公设空间以"花"为主题设计概念，包括天花板勾边线条、地板的装饰语汇以及社区艺术品的意念传达，都有花的意象或艺术品，就连家徽都是用花的概念设计，象征富贵与圆满。从案名、艺术品与各种建材细节规划都充分与花相互结合，这样细致的建筑密码也是很多建筑商模仿不来的地方。

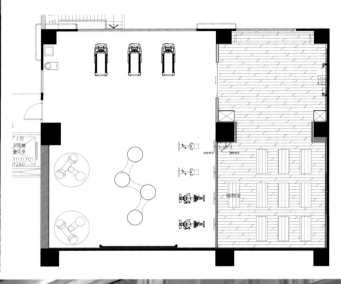

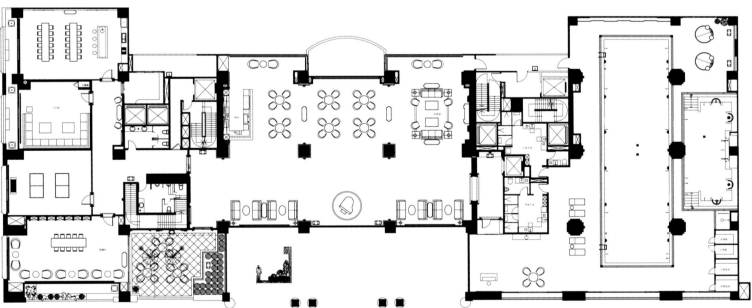

新湖·仙林金谷别墅会所

设计公司：上海无相室内设计工程有限公司

设计师：王兵、王建

摄影师：张静（三像摄）

主要材料：雅士白、金香玉大理石、黑色铁艺、熏橡木实木地板、香槟金箔

地点：沈阳沈北新区

面积：2 000平方米

公元五世纪，法兰克人占领高卢，建立了法兰克帝国。公元十四至十五世纪，意大利掀起文艺复兴运动，将崇尚自由的文艺精神传遍整个欧洲，包括浪漫率性的法兰克大地，并对其后的巴洛克艺术产生了深远影响，成就了今天灿烂的法兰西文化。

新湖·仙林金谷别墅会所整体建筑设计遵循法式古典建筑雅韵、高贵大方、气度不凡。因此，作为与建筑设计一脉相承的室内设计必须秉承建筑设计的思路，对其平面功能布局和平面形式各方面都加以考量，并努力发展，使其更为完善；传承建筑设计在此前的殚精竭虑，同时加入地域性元素的考量，力求在此基础上有所突破有所创新。

会所功能布局与未来社区从业主生活需求出发，包括健身中心、红酒雪茄吧、高档餐厅、台球室、儿童娱乐室、室外游泳池等休闲健身功能。室内设计运用法式古典风格的奢华、高贵，结合现代生活的细节元素，精工雕琢，赋予了空间灵动鲜活的生活形态。同时，空间并采用多种极具张力与视觉震撼力的色调与材质进行装饰，演绎出优雅、浪漫的气质，以此引发设计者与住户之间对时尚、典雅、精致主题的共鸣。

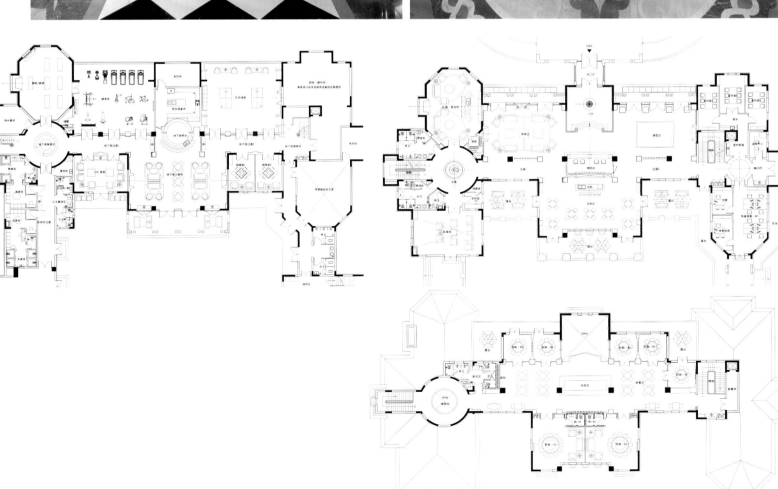

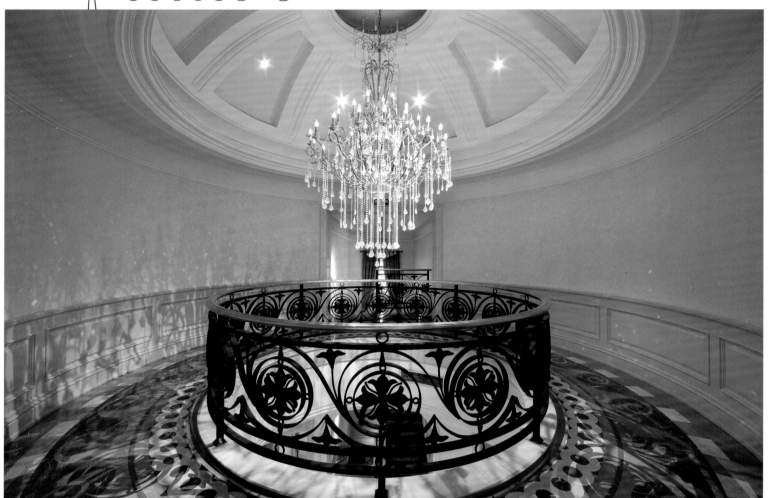

北京NAGA上院大堂

设计师：邱德光
主要材料：洞石、木皮染色、银箔、不锈钢
地点：北京市朝阳区
面积：330平方米

生活演进

　　纵然二十一世纪我们的生活方式已全然不同，我们也无法拥有像古人般临山近水的结庐清境，然而中式基因却始终在我们的生活中若有似无的潜伏着。

　　NAGA上院大堂，设计师以"艺廊（Gallery）"的概念诠释，并融入了Art Deco艺术风格，让居住质量蜕变为一种纯粹的居住艺术品位。

　　同时，追溯中国人居住空间所强调的"意境"与"意义"。将中式的空间哲理蕴含在空间的处理细节中，譬如入口两旁的巨型雕塑品，正是几千年来中国人绝不丢掉的门神概念。

空间布局

公共区域也布局成方正的十字轴，主面宽、胡同窄的空间结构形成了明确的布局，并针对所必须经营的迎宾效果，由开放到私密的一层层过渡，在过渡属性的空间中创造对称的结构，形成如中式宅院的空间序列。

设计的细节上，都使用"阴阳"概念对应着彼此。阴阳对应观念真正是中式审美基因，因为这还牵涉到中国人认为"阴阳生生不息"的宇宙观与生命观。

在空间的处理上，整体以国际时尚界流行的黑色搭配石材温润色感，以突显空间中的焦点——艺术品本身；大堂空间中置入杨柏林等大师的雕塑，塑造出浓厚的文化艺术气息。

除了满目缤纷的艺术杰作外，Art Deco 风格也显现在空间的诸多细节中，例如壁面石材刻意表现的斧凿刻痕与精致材质的运用等。

在处理空间与艺术品线条、颜色上彼此对应简洁收敛，利用现代科技，透过不同的建材，将它们大量运用在居家中的各种空间中，并选择黑檀木、黑云石这些质材，让它们本身天然的线条去自然组合出独一无二的图形，更能符合豪宅主人追求独特性的诉求。

艺廊般的大堂，整体设计上具有时尚的高贵优雅，沉稳中带着新颖。邱德光在北京 NAGA 大堂内不仅带了 Art Deco 艺术风格的细腻质感，显现出大宅大气的格局，更找到关于空间中深藏的中式审美脉络。

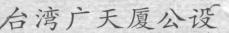

台湾广天厦公设

设计公司：诺禾空间设计有限公司
设计师：萧凯仁、翁梓富
摄影师：李国民
主要材料：大理石、玄武岩、铁件
地点：新北市
面积：1 652平方米

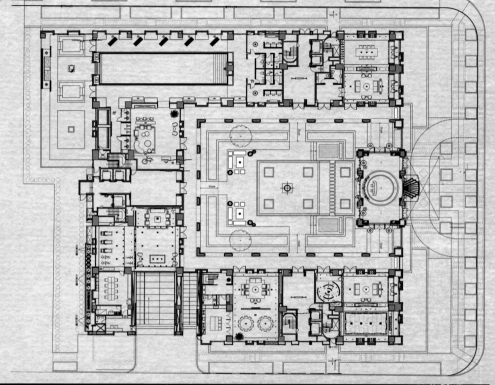

　　一直以来，建筑师与设计师都非常重视对称。对称性是万物的自然规律，包括人的身体构造。同时，对称亦影响着人们对空间的观感，成为设计美学的一个重要原则。

　　从古至今，无数经典建筑与艺术杰作都利用对称的原则作为设计基础。人在对称的空间里会感觉平衡及舒适，这个案例的设计理念就是把每个功能区内的配置规划在主轴线上。通过在室外庭园中心摆放一个大型的环形雕塑，来串起室内与室外，共同延续对称轴线的设计概念。

　　室内设计利用不同材质的特性来营造质感上的对比，产生相互衬托又和谐的微妙效果，使空间、环境、人与艺术完美地糅合在一起。同时，

更以艺品的陈列手法布置家具及陈设，使空间不仅满足实际的功能需求，更具有赏心悦目的品位。

峰汇迎宾主门厅，石材精制雕琢，演绎豪门序曲，新东方华丽时尚，

白色大理石墙与九米金箔天柱，融汇西方洋楼与东方符纹图腾，在每一个细节展现壮丽磅礴，施华洛世奇蓝水晶穹顶光辉，用双眸来阅读流金岁月，如此豪宅身段，揭开广天厦辉煌序曲。

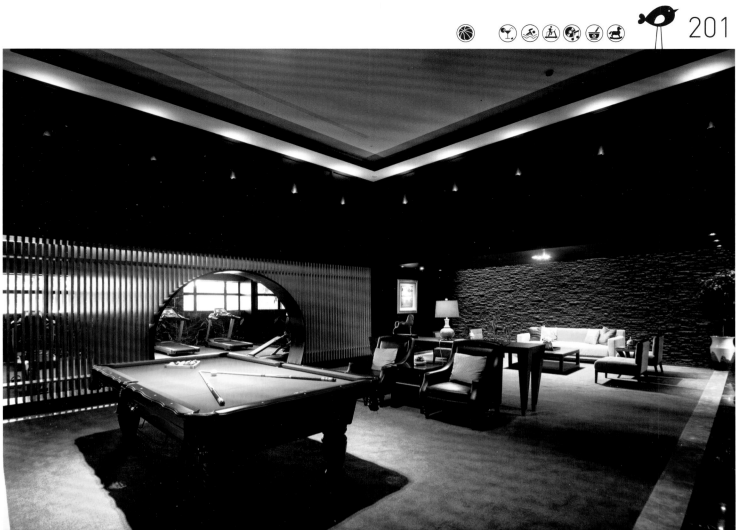

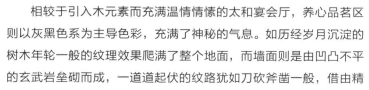

相较于引入木元素而充满温情情愫的太和宴会厅，养心品茗区则以灰黑色系为主导色彩，充满了神秘的气息。如历经岁月沉淀的树木年轮一般的纹理效果爬满了整个地面，而墙面则是由凹凸不平的玄武岩垒砌而成，一道道起伏的纹路犹如刀砍斧凿一般，借由精心设计的光线映照，更显斑驳陆离，别有情趣。皇琚游泳池的独特之处则在于以较为柔和调性的色彩做散发，使空间升温，并靠着明暗强度的变幻和光影色彩的变化，拉出空间张力和层次感。

台湾昭阳君典大厅及公设

设计公司：夏克设计工程有限公司
设计师：黄毓文
主要材料：大理石雕刻、大理石水刀图腾切割、米黄石、金锋石、
木作烤漆、立体窗花、胡桃木皮、定制家具、定制灯具
面积：661平方米

/俯仰于帝国建筑的气度/

自进入 21 世纪后，集合电梯住宅成了台湾建案的主流，透过共有的大厅及公共空间，展演多元建筑风格，全台建筑风格及公设造景因此繁花盛开，美不胜收。

精准表现璀璨风华

本案以"君典"为名，公共设施自然必须呈现君王特有的尊贵与大气。维多利亚式建筑中的方形立柱以及精细的装饰最能代表这种气度，从此风格出发，向来以住宅设计为主的夏克设计，又交出另一璀璨版图，在桃园竖立标杆价值。

5.2 米的挑高空间，有足够的高度提供雕梁画栋区域，室内部分，设计师用水刀切割铺排天花，与自然石材铺陈出精品饭店概念。最重要的迎宾大厅地板用米黄石为底、金锋石为线条造型，两种石材搭配下的圆弧编织图案，呼应墙面精雕细琢的大理石立柱，宫殿般的语汇于此展开。

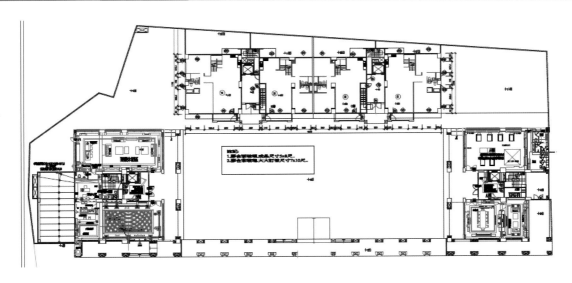

12 人的会议室，全室墙面覆以白色雕花线板，地板仍沿用自迎宾空间逶迤而来的金锋大理石，舍弃地毯，以呼应挑高 5.2 米的立体深度。而看似精简完美的构图中，似乎容不下现代电子产品，但其实皆悄然隐藏在美丽的饰墙内，一应俱全，而非徒有其表。阅读区、吧台区也以相同概念，完美呈现君王般的待遇。

西方帝王元素融为一炉

比较特别的是，几乎每个区域都有大片的自然采光，让居住期间的住户，无论到哪个角落，在享受帝王般的公共环境时，亦都有光影相随。

另一项让住户欣喜的是，软性元素的挑选，比照层峰人士的住宅等级，从会议室的窗帘、桌椅，到视听室的台灯，皆手工定制、量身打造，因而更能传达君王风范。

户外廊道与公共空间，用大量的石材雕砌出罗马帝国色彩，而景观庭院中，居中的雅典女神雕像为英式维多利亚氛围，注入些许希腊文明元素。整体将西方帝王语汇巧妙糅合，增添丰富的意象层次。

透过室内设计师与建筑师的合作，以公共空间传达室内布置的品位，每一建案的迎宾大厅就像精巧的设计旅店，引人驻足，无形中也提升了台湾住宅的美学。

台湾昭扬君品公设

设计公司：夏克设计工程有限公司
设计师：黄毓文
主要材料：金箔、银箔、手工木作雕塑、烤漆、
大理石切割拼花、定制家具、定制灯具、
茶镜切割、古典窗花

/巴洛克精致工艺的概念总和/

华丽 精致古典

昭扬建设特地委托擅长以维多利亚古典风格的黄毓文设计师规划位于桃园市八德的建筑外观及公共设施，要让生活在其中的人们，尽情享受与建筑气质完美契合的高贵、华丽、典雅的生活品位。

夏克设计黄毓文擅长借由古典美学彼此协调的比例语汇，将豪宅式的独特经典张力以及细致质感完整地呈现出来，此次大型建筑设计，主要以服务、饭店建筑设计一直是世界级接触指标的顶级饭店——丽池卡登作为设计规划的蓝图，借由巴洛克式的繁复工法设计外观基座

表情，演绎华丽、浪漫、高贵的格调。

工艺 独享大气

进门后，以挑高6米的高度气势作为迎宾大厅的建筑优势，透过法式的水晶吊灯、以木作材质进行手工雕塑列于两旁的罗马柱体、弧线设计的对外窗、古典意象层叠繁复向上的天花造型设计（寓意步步高升），将古典风格中的工艺美学积极落实，挹注独到而华丽、高贵的场域印象。

会议厅以客制化的长桌、弧线设计的对外窗，增加华丽的气势意趣。阅读区域透过定制的沙发，营造舒适、悠闲的氛围感受。社区联谊厅规划舒适的沙发区与以天然石材为设计建材的吧台区，透过媒材的安

排、建筑高度，给予时尚、活泼的空间印象。健身房的规划，有别于传统的烤漆玻璃或大幅厚重窗帘的语汇设计，反而以具有古典图腾的窗花，作为室内外的窗景介质，使室内具有隐蔽性却不遮光，尤其当阳光迤洒入内，光影脉络的消长，给予空间充沛的人文意涵。

居住于巴黎丽池饭店中达37年的法国经典品牌香奈儿 Chanel 创办人——Coco Chanel 认为：好的饭店，让人流连忘返。正因为这样的概念，设计师透过设计，挹注工艺的高雅细腻，比例语汇严谨细腻，成为主要创意的核心价值。

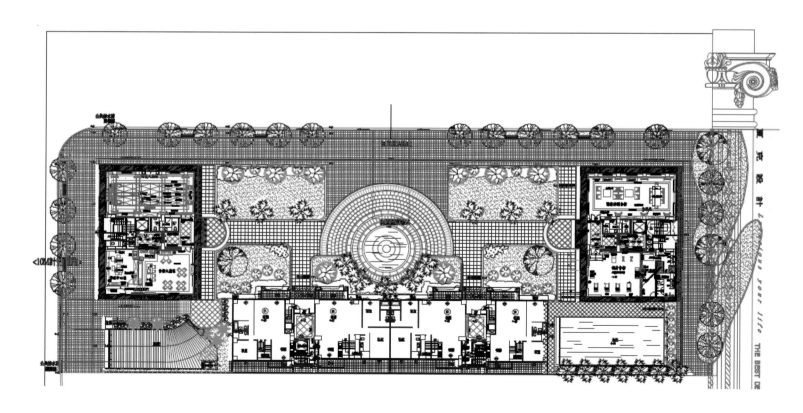

现代之心

台湾新竹塔
入户大堂及公设

建筑商：台中富裕建筑有限公司

设计公司：HBA

摄影师：马克

"新竹塔"，奢华安居工程，包括公共区域在内的设计彰显着城市的"高大上"。该项目室内设计是对建筑经典、秩序的极好呼应。精致的细部设计给人一种简洁的优雅。天花咖啡色调，几何形状。中性漆面包衣构成了整个饰面。主墙以立柱、雕刻石，书写节奏、音律。装饰性的屏风，透明的玻璃给空间增加了一种层次感。接待台后面一堵人工鳄鱼皮墙面彰显空间特色。双面的石材壁炉左右摆放着休息座席。气势宏伟的楼梯飞架直上，进入夹层的会议室、商务中心。夹层里银箔石、青铜色屏风、玻璃镜材透视着大厅的景象。大型的水晶吊灯、挂件使室内的气氛优雅。

接待室之外有一个房间。房间里陈列着精致的组柜、书橱、百叶板。依然是中性的漆面包衣，但却镶上了古铜色的外边。刻有图案的天花，咖啡色漆面给人一种温暖、亲密的感觉。舒适的休息沙发、图书馆书桌、羊毛地毯营造出一种奢华的氛围。这其实是书房的所在。

餐厅正好位于大厅、休息室的对面，空间开阔，附有茶室。落地大窗、法式落地双扇玻璃门给人一种日光浴室或者花园亭台的感觉。大大的圆桌、餐具橱柜、华丽丽的吊灯，自然而然地让空间有了一种酽酽的气氛。过电梯间，有一专属入口直通往柚木、瓷砖打造的回廊。更衣室、蒸汽室、桑拿房依次排列。20米长的泳池、极可意浴缸是此处空间的主要特色。周围一排落地大窗，透明敞亮。凿有孔洞的立柱恰好充当了窗框。立柱外表青铜古色，垂挂着的帷幔漫射着光芒。亚光的石头地板、咖啡色的顶呼应着雕刻瓦与柚木面板。柚木面细部考究，青铜镶边。多维的青铜屏风悬于空中，空间因此多了一种意想不到的质感。这其实是泳池的区域。

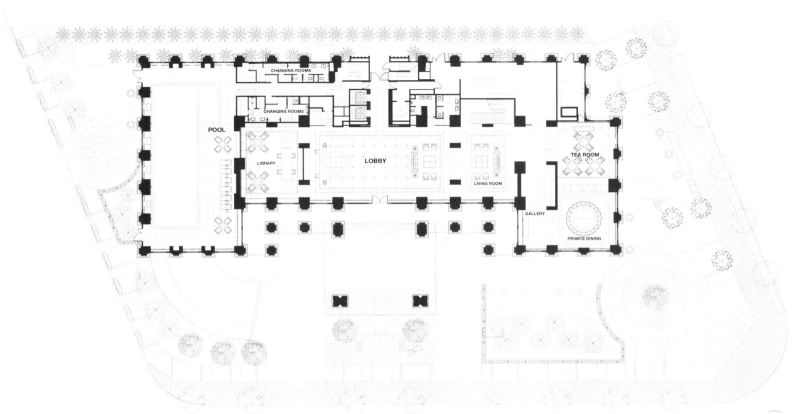

Floor plan labels: CHANGING ROOMS, CHANGING ROOMS, POOL, LIBRARY, LOBBY, LIVING ROOM, TEA ROOM, GALLERY, PRIVATE DINING

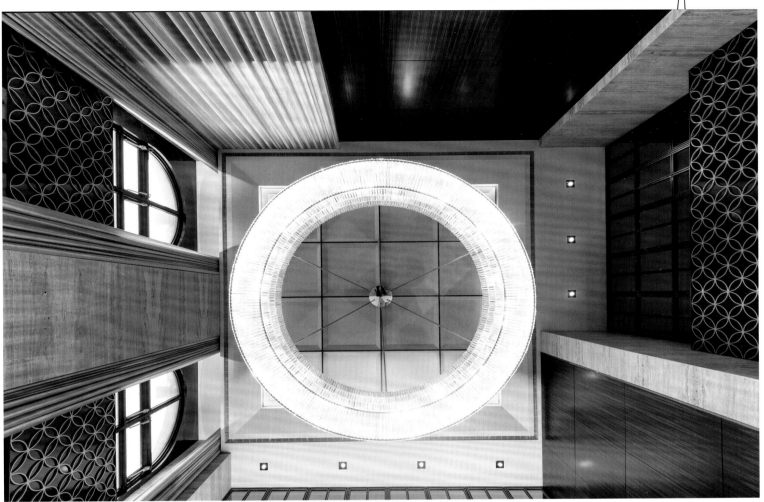

台湾帝璟丰和公设

设计公司：上境设计工程
设计师：李天佑、许玉莹
摄影师：吴启民（墨田工作室）
撰文：VioLa
主要材料：实木、大理石、铁件、镜面、玻璃
地点：台中汉翔路

感受惬意艺术胜景

若城市没有能彰显风格的建筑物，天际线瞬时就失去了光彩，有鉴于此，上境设计呼应城市对经典设计的召唤，以强调对衬、干净利落的Art Deco风格来建构公共空间的格局，让带有生命力的有机线条，为建筑本体彰显出更有画面的艺术价值，注入高贵、典雅、内敛的人文气质。

移步换景流动循味

坐落在台中 12 期的建案，由于此地为新的重划区，土地分割皆不大，使得空间在应用上会较为零碎，所以上境设计在规划此案之际，乃以小坪规划方式来设计公共空间，透过机能演化来产生空间的不同区块，所以从甫入大厅开始的视觉，虽然空间不大，但因为有了挑高格局，能将视觉向上拉提，设计师在此设置柜台搭配会客椅，砌

筑宛若画廊的典雅气息，使得一景一物的组合犹如一幅静物画，自能显现其人文艺术的姿态。穿过梯间来到公设区，由于建筑物具有三面采光的优势，设计师将每一面各自规划出不同风景，一面是山景风光，在画前设有植栽，营造出有如框景般的浪漫视觉；另一面则是水池围

墙，为使墙面风景能够导入室内产生不同层次的语汇，因而嵌入鲑鱼回流的意象浮雕，让树与墙的交融来蕴生耐人寻味的画面；在空间另一隅改采以自然元素为主体，透过流动的水波为墙面倒映出波光潋滟的光影，让风景的流动嵌入移步游景之间。有别于阅读区的另一方空

间，虽然空间较小，但却面对较大的庭园面积，所以上境设计将此定位为一处可让住户聊天交谊的休闲空间，并以玻璃盒子为概念发想，透过玻璃让看出去有个"Z"字形的通道牵引视线上循，透过这样切割让植栽和步道形成多层次交错，表现出如同面对山影的概念。顶楼的

Lounge 结合了休憩区与屋顶花园的机能，因为空间的完整性足，所以越过吧台的空间另外设置沙发阅读区，让不同的角落拥有不同的配景，使住户们能够挑选自己钟爱的角落，独享一份不被打扰的静谧书香时光。

经典风格内敛典雅

考量到业主想以 Art Deco 风格来呼应建物的整体调性，所以在空间装饰上采用跳跃的色块，于一楼大门及顶楼窗花以利落挺拔的几何分割线条，刻画出带有人文情怀的优雅元素，另外更在顶楼部分作屋突造型处理，大量玻璃透空面和投射灯光的配置，营造出犹如灯盒子的质感。

台湾佳茂上苑公设

设计公司：上境设计工程
设计总监：许富居
设计师：李天佑、许玉莹
摄影师：吴启民（墨田工作室）

撰文：VioLa
主要材料：原木、大理石、
铁件、镜面
地点：台中绿园道

/自然无界人文向度/

跳脱传统的建筑框架，透过几何、拼贴等手法，在沉稳中淬炼生活的趣味感官，让洋溢灵动活泼的空间语汇，串联户外的绿园道景致，大隐于市的自然无界，为年轻购屋族群的绝好之选。

几何铺陈休闲活泼

　　拥有两面临路的基地条件，正面为紧邻台中最美绿带的绿园道，在产品规划上，所有房间都被安置面临绿园道，而公共空间为配合敷地特性，也是采用"一"字形规划，上境设计依据住户特性及环境特质，创造石材、木皮、金属混和搭配的休闲基调，以呼应产品主打年轻首购族群的调性。本案门厅运用大型金属框将门厅服务空间分为两个不同机能的区块，并同时将横梁跨顶的问题一并解决。门厅服务区前方设置为接待大厅，以较为正式典雅的空间感去规划，而后方则设计出较为休闲的区块，面向庭院的沙发区，让屋主与来客促膝闲聊，有了环抱自然的生活乐趣；本案基地的长度较长但深度不够，所以设计师采取拉横向框架搭配切割，来表现公共空间的横向规划，大厅天花板使用木皮贴作方式，再以多角度折面组构而成，在墙面则取石材搭配立体图腾，营造出宛若抽象画的跃动视觉。从大厅循手扶梯上二楼即是阅读区，犹如走进英式古典书房的氛围，是设计师对空间的巧思呈现，考量到二楼夹层的高度，因此改以水平布局方式让视觉延伸，运用书柜将其划分出不同的阅读属性，一方为适合好友一起享受的休闲阅读区，另一方则融入主人书房的概念，采单桌、单椅的摆设，流露空间的书香雅致。坐落在建筑顶端的星空健身房，同样以复合式机能作设计，健身房一侧是正对花园及绿园道天际线的区域，让人可在运动时也有自然相伴，顶楼另一隅则设置吧台与中岛高低交错的品茗轻食区，作为可让住户与好友品酒、交谊的轻松休憩空间。本案旨在运用空间设计的手法，将社区公共设施的机能运用空间设计手法的安排，使其融合存在于同一场所，以复合式满足多样的需求，呈现生活的美好与趣味性。

引景入室

　　身为坐落于都会精华区的建筑，面临万坪园道绿带，设计师规划临路两侧以大片玻璃窗来延伸户外绿意，使观者不论是坐在大厅沙发区，将循着绿色草坡视线慢慢攀升至后方整片的桂花林，亦或选择窝在庭园的发呆亭静静观看蓝天绿地，两者均能享受与自然无界的有机融合。

庭院处设置亭台，营造出宛若东南亚的发呆亭机能，使屋主们可以随意坐卧感受与自然的融合。

在电梯间以白色块状做数位分割，让跳跃的元素带出年轻活泼的感官飨宴。

二楼阅读区的一隅运用单桌单椅建构宛若主人书房的典雅沉静氛围。

被书柜包覆的阅读区，搭配宽敞沙发座区，让人可自在悠游地享受阅读的喜悦。

台湾元钧莳绘大楼公设

设计公司及图片提供：上境设计工程
设计总监：许富居
设计师：李天佑、许玉莹
撰文：Yves
主要材料：（公设区）挪威黑钻仿古面石材、闪电米黄石材、洞石、帝诺石、茶镜、墨镜、耐磨木地板、天然木皮染色、30cm×60cm石英砖、金属；（景观）挪威黑钻水冲面石材、印度黑石材、霞红细凿面自然面石材、新美国棕石材、木纹砖、马赛克砖、金属
面积：（一楼中庭）419平方米、（二楼骑楼）330平方米、（一楼公设）208平方米、（二楼公设）211平方米

住宅的质量与定义，不应只局限于气派或高贵与否，更重要的是能营造出悠然自得的生活情趣。如同这栋住宅大楼的公设领域，上境设计诉求"理性兼具感性"的天人合一手法，即使身处都市尘嚣也能亲近盎然绿意，并感受到空间与人的和谐关系。

生活总渴望一份安然自在，上境设计于是透过其休闲、感性又带有理性的布局手法，让这栋住宅大楼的公设领域，整体格局视野沉浸在敞朗架构之中，又因为建筑内外巧妙地串联融合，不仅展现出住宅应有的大方气度，还潜移默化地提升着生活质量。内外串联延展强化悠然情境，首先考量门厅入口与外围道路仍有段距离，上境设计决定利用基地特性，将过渡地带规划成景观庭院，其中有植栽绿篱、有流瀑水井、有步道框景，不仅能有效隔绝道路的喧嚣，确保社区公设领域的静谧隐私，更替住户开创出别有洞天的绿带动线。而且有了庭院的缓冲与延展，赋予门厅大堂在视野上的景深层次，住户出入之际，都能感受到敞朗无压的空间张力，当视野游移其间，还会发现被天光与绿意所环抱，有助于调解情绪，感染一身好心情去上班或者回家。

　　至于门厅大堂内部,鉴于原建筑格局比例不佳,挑高又呈扁长格局,上境设计于是规划大面积玻璃门窗,引导庭院造景与充满变化的光影入内,营造出丰富表情并提升空间生命力。然后环伺立面大多挑选自然色系材质与镜面材质,借助温润与折射视觉效果,使门厅大堂变得越加明亮宽敞,例如挑高接待区墙面为大理石材,座位区立面与天花板为深色木质,座位区上半部则铺设明镜与黑镜,当视野在折射修饰以及温润材质的对比反差之下,巧妙地化解格局比例窘境,营造出明亮宽敞气势,同时因家具装饰诉求简单利落,更突显出自在悠然的空际感,使门厅犹如饭店兼具高雅与休闲品位,契合大境设计的自然人文风格诉求。敞朗视野中富有层次景深门厅通往二楼休闲区的梯间动线,上境设计也布局开阔敞朗的格局气势,一整面长幅宽的玻璃隔间,将内外界线隐于无形,且透过框景,天光、水井与绿篱植栽仿佛定格,不仅成为室内一幅洗涤人心的自然画作,也在风生水起与光影变幻的动态感之中,使空间生机盎然,确保过渡地带一点也不枯燥,每一眼每一隅皆引人入胜。

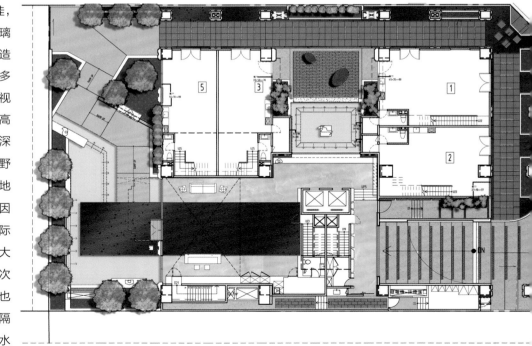

休闲区旁一整面黑镜，不仅与书柜相呼应，也折射活化整体视感，不会显得单调。

　　二楼休闲区同样诉求自然情境，所以一整面书柜除了底部装饰黑镜，增添景深层次，也局部透过玻璃格窗与户外进行串联，引入富饶天光，并让户外经过绿化的资源回收屋顶，也成为室内景观一环。而书柜、书桌到沙发座位区的木质地板、天花与立面，在充足天光烘托下，质地清朗的休闲兴味越加浓郁，相对于一旁铺设的黑镜立面，以及或黑或灰的家具陈设，则对比出简练的视觉张力，让人久待其间也不会觉得过于单调无趣。提供住户运动的健身房，不仅四周立面与天花铺设茶镜，延续整面清玻璃的隔间也向走廊开放延展，希望透过光线与视野的折射串联，营造出最无压迫的舒张感。位于走道动线的吧台，特地向两侧开放，在不影响视野格局的穿透，又兼顾使用者便利性的情况下，有效活化了公设空间配置，确保住户拥有多元使用机能。

梁带与立面材质的统一，拉高了门厅比例，塑造出宽敞大气感。

大面积的开窗，不仅让内外景观串联一体，光影变幻也雕塑出空间生命力。

自然温润的材质，相应于利落的空间格局与家具装饰，营造出一股无压悠然情境。

二楼休闲区的立面、地板与天花，均以温润木质为基调，在充裕天光烘托下静雅自在。开阔敞朗的空间格局，搭配陈设长形书桌与长幅宽书柜，达到延展放大的作用。

台湾聚合发·经典公设

设计公司：天坊室内计划

设计师：张清平

主要材料：米黄石、黑云石、黑檀木、桧木、茶镜、铁件

面积：1 035平方米

聚合发·经典公设案犹如可在家休闲的度假式住宅，包含有16项主题公设，如接待门厅、视听室、交谊厅、长岛吧台、兰卡威休憩区、碧儿泉浴场、布波健身房、小天下馆、星光炭烤区、擎天观星台等，每个公设本身就是社区一个景点。

在设计方面，聚合发·经典公设讲求风格的延续性，但又不拘泥于传统的逻辑思维模式，设计师在整体的欧式古典元素中穿插了一些中式风味，在古典的家具之中也匹配了一些具有现代感的款式，不同的设计语言在设计师的手中巧妙地融合在一起，交相辉映，和谐统一，彻底地折服了人们挑剔的眼球。

门厅面宽12米，高7米，开阔而气派，基座由全石材打造，搭配抿石子、红中带黄的山形砖，以新古典建筑线条的比例，打造典雅而具有质感的外观，从而也预告了空间的新古典调性。而传统的窗花图案穿插其中，又让空间有着一种丰满华丽的风采。梁柱外露的设计，让室内面积加大且更方正。

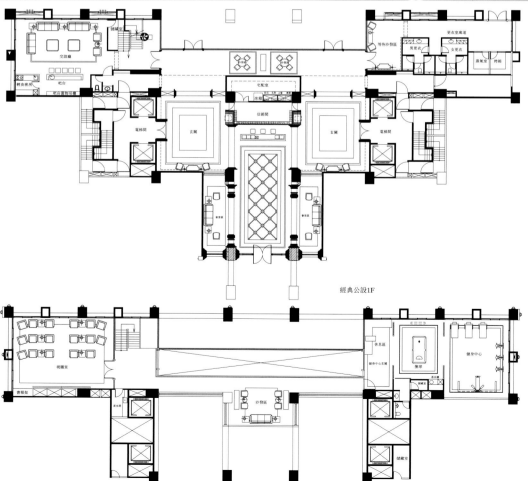

經典公設1F

　　设计高效利用空间，以门厅为中心，将门厅两侧的实体墙打掉，延伸空间，设置会客区。会客区摆设有新古典家具，时尚而个性，黑色与白色在相互的映衬与对比的效果下，让空间鲜明，充满张力。

　　交谊厅布置趋于现代实用，又引入了欧式浪漫的图案元素，在装饰与陈设中将中西文化融于一体，如中式的茶几配以欧式灯具，整体设计皆呈现出温文雅致、兼容并蓄的风格，为住户生活营造出了休闲、舒适的生活体验。

台湾翔誉天心公设

设计公司：近境制作设计有限公司　　　木皮、茶镜
设计师：唐忠汉　　　　　　　　　　　面积：826平方米
摄影师：Sam、Yvonne　　　　　　　　地点：新北市
主要材料：石材、石英砖、金属、

/浮光雕塑/

　　在翔誉天心的社区大楼公共空间内，设计师以现代奢华风为语汇，将建筑物化为艺品，运用光雕般的吊灯、放射状的图腾等元素建构整个空间，让居住者在回家休憩以前，就能体验到一场挑战感官的浮雕飨宴。

　　大门以充满安全感的厚实分量打造，将圆形天花板结合灯光，创造独特的悬浮视觉感，对开门片则在大理石与通透材质的结合下，延展出整幅磅礴的画面，建筑物外的长廊则在天花板与地坪勾勒线条图腾，于转角处形成散射场景，充满力道美感。

走进接待大厅，可见到充满切割力度的柜台量体，搭配从天而降的螺旋灯饰，打造出弧线与锐角的冲突之美，一旁的交谊会客区则坐落在大面落地窗之间，窗框线条搭配通透材质，形成无限挑高的尺度。

　　信箱区颠覆既有设计手法，在墙面铺陈镜面材质，使信箱形成具悬空美感的量体，并结合了内嵌灯光，让信箱不仅具有投递功能，更摇身一变成为空间中的艺术美品。

开放 Lounge 吧台则提供给居住者一处放松的地方，在天花板做出动感流线，搭配着环状造型灯饰，串联起场域间共同的设计语汇，在低调的灯光设计下，给人一种雅致的休闲氛围。

　　健身空间则将天花板拼接不同材质，弱化原先较低的天花结构，运用框线架构出向上延伸的视觉感受，让使用者在挥洒汗水的同时，也拥有美好的空间体验。

　　总体而言，本案以光线的雕塑表现，用重叠的光线雕塑读取场域中凝结的记忆，成为一种无止尽的时间风景。设计强调光，强调空间的领域，思考空间中虚的漫散，用不一样的空间思维处理场域尺度的表现方式。

台湾崇德接待会馆

设计公司：帝谷室内设计
摄影师：刘俊杰
撰文：Kiwi
主要材料：浪花白石材、铁件、人造石、新渥克板岩、实木踏板

在城市中，寻觅一处可以仰赖日光，环绕绿境的自然居所，赋予现代的利落语汇，透过材质比例的层次堆栈，透过"轻设计哲学"，辗转描绘出丰富的感官效果。

展现设计的平衡姿态，在城市和绿地相衔接的土地重划区，拥有得天独厚的绿意景致，形塑平静与安宁的舒适安定感，从材质的运用出发，延展至建筑本体到室内场域，可以看见在内外空间的延续，自然元素的不断重复出现，此外更结合现代元素的玻璃材质，透明化的外框包覆，没有任何多余的修饰，简洁利落地体现充满动感的建筑线条，而动感设计的一部分，则是来自于森林的构想，织就出绿之居所的全尺度阅读。

透过玻璃消除室内外的视线界定维持高度的空间舒适使用，首先设计师采以开放的态度，在宽敞维度的占坪需求，不仅仅是可容纳形成居家

的单纯结构，更可加入办公室、聚会大宴厅、外部洽谈区与露天庭院的可能性，探讨一栋住宅的场域内容组成方式。

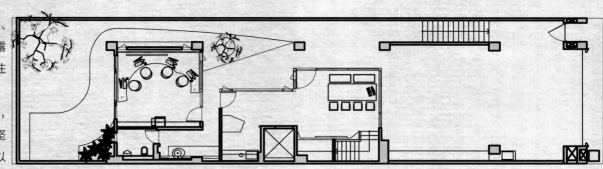

　　蜿蜒进入一楼室内空间，如同盒中盒的惊喜呈现，在坚固的外墙框架筑体中，内部以钢架与玻璃的中介质地运用，忽视里外疆界之分，高透度的穿越视野，营造内外界借景的手法延伸，反向思考下，让更多户外之景跨入室内，自由的游移在展开的互相对话主题里，包括居住者、光线与自然，都是彼此结合的主角之一。同时在对谈区中，借由视线无阻隔的状态下，仿佛创造脱离重力的轻盈结构般，跳脱室内外的独立格局，绿意成为空间的一部分，简单的物件需求摆放下，拥有最惬意的漫步轻生活。

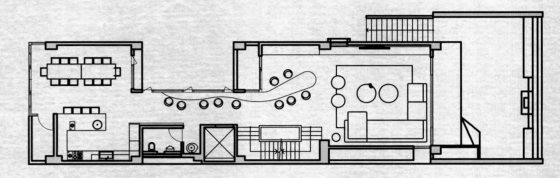

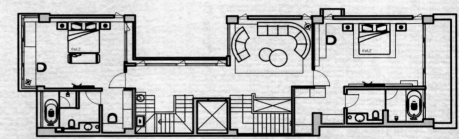

蜿蜒进入主体的会客座谈区，利用玻璃的包覆形态，创造室外与内部串联的视觉延伸。

步入二楼的公共区域，客厅的主视觉落在沙发后方的彩绘艺术，添增人文涵养与品位。

面对户外的生活景致，透过玻璃组成的落地窗，形成打开迎接的自由姿态。

　　现代架构与自然主题的双重呼应接续公共区域的生活空间，主要的绿色概念，设计师借由框体方盒的玻璃形态，将绿色植物滋养于内部，出现在楼梯前方的汇流通道口，无论是处于客厅还是餐厅，都可以轻易的感受到自然的气息，而此处也同时成为划分客、餐厅的界定。

接续客厅空间可看到露天阳台的设置，以舒适惬意为主题，打造可俯瞰城市与绿意的双重感受。

风格设计上延续一贯的轻快简约美学，以黑白两色体现对比的强烈视觉，并在重点处利用特色突显，包括客厅沙发背墙的艺术创作，加入人文的涵养底蕴，透露一丝温和的柔化表情，另外则在餐厅天花上方，经由多样化的弧形线条，形塑有曲线感的空间维度，桌面也呼应设计元素的延伸，绵延曲度依附先前所提到的玻璃盒子，达到静、动之间的和谐配置，而在用餐之时，持续感受到由自然传递的绿色对话。由点线面架构出的现代建筑，展示轻盈的主要构成下，诉求绿色自然内涵，表现出舒适的居住价值，又同时丰富视觉的感官飨宴。

透过弧形的线条语汇，让餐厅天花与吧台形成主题上的呼应。

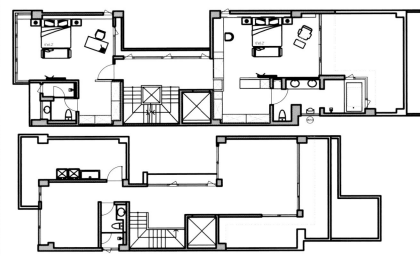

大型的餐桌使用区域，在墙面设置上，如同美术馆般，以艺术创作展示高度美学涵养。

干湿分离的机能型卫浴，透过材质的大气，维持宽敞的舒适动线。

台湾
新杜拜公设

设计公司：天坊室内计划

设计师：张清平

主要材料：大理石、烤漆玻璃、铁件、镭射切割、进口镀金马赛克、定制主灯

面积：3 498平方米

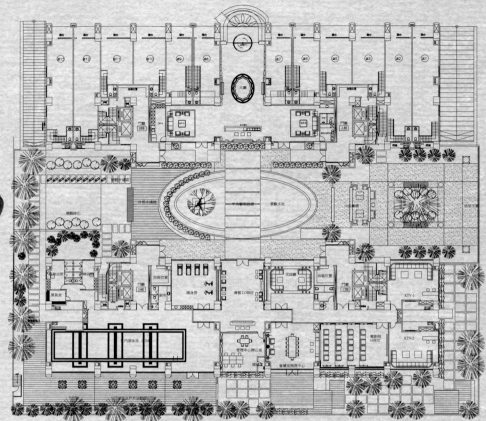

本案以呈现洗练、高雅、时尚、精致的室内风格为设计理念，以此诠释的空间可谓是时尚与品位的最佳结合体，仿若人生与事业的成就达到一定的高度，早已经将品位凝聚成为一种直觉，从生活的细节需求、格局的规划、材料的选定到色彩的运用，不见刻意的痕迹，都是信手拈来的自然，空间细节之处无不是精品，处处协调融洽。

设计师特别透过材质的纹理与色彩为大堂创造出独特的外观，结合细腻精致的做工，展现出洗练精致的室内特质。新杜拜大堂的设计在视觉上抓住了大众的眼球，高端质感的设计，不仅展现出艺术与居住文化的完美融合，也是高阶身份与品位的象征。

会客室以夸张的黑白线条呈现出跃动且明快的气息，富有层次感的色彩清楚标示出高雅的氛围，不仅与建筑本体的格局及气势相呼应，同时也成为让人一眼即识的风格特色，为建筑打上深刻的烙印。高质感的定制家具配搭令人赞叹，引起享受梦寐以求生活的共鸣。

陈设饰品与绿色植物点缀得恰到好处，为各个空间烘托出典雅的人居氛围与人文情怀，无论是白色的瓷器，还是立体的挂画、流苏造型的吊灯、淡雅的盆景，都传达出强烈的艺术质感。行走于空间之中，便时刻体会到足下生辉的良好状态，为生活增添宜人的舒适感。

台湾富宇云鼎
景观与公设

设计公司：十邑设计

设计师：王胜正、姜庆弘

摄影师：沈俐良

主要材料：石材、实木木皮、木地板、
镀钛金属、马赛克

面积：3 200平方米

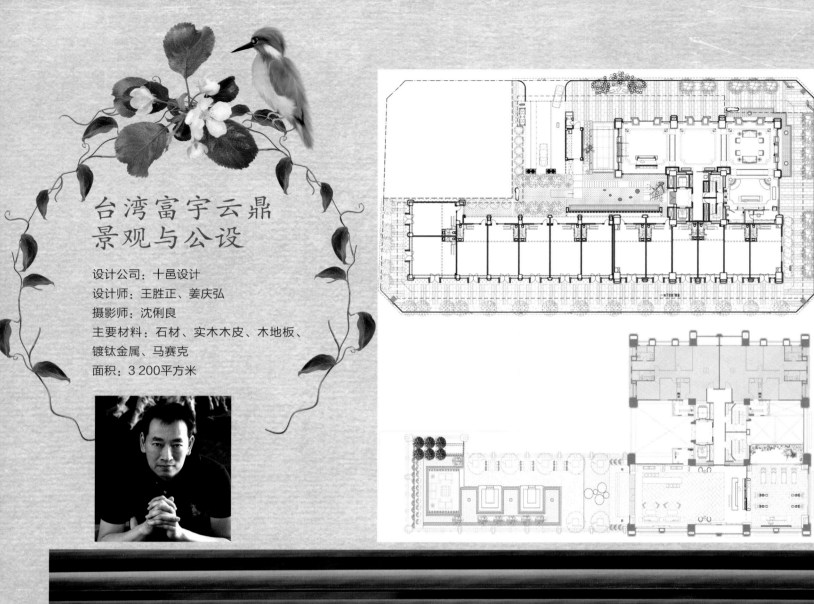

　　本案为豪宅之公设空间，基地位于新竹市，汇聚经济、交通、商业中心，包含大厅、Sky Bar 、多功能室、户外景观区、交谊室、健身房。空间以精品休闲为设计风格，将基地环境与设计概念结合，以"新竹的风"为概念，将风的各种意象转译于空间。

　　"一"字形为整体空间配置，设计师透过长轴布局的设计手法，将

垂直与水平向之线性空间交集，创造视觉的通透性与无限延伸空间。大厅利用延伸的长轴性，穿廊般的层次，如风吹过将造型天花吹起，丰富层层视觉感，整体以石材与金属营造精品感，木皮带入柔和休闲感，地铺石材的长轴向肌理延伸视觉，端景为一圆形壁炉，穿越层层聚集于此成为视觉的焦点。

多功能室结合休闲与阅读之机能空间，在配置上以可望穿至户外景观区，将绿景引入室内模糊内外边界，表达人与自然对话的自由度，阅读与对话在自然中生成。天花板语汇同为风吹起之意象，吧台以石材特殊加工透过灯光计划，展现石材的大气纹理营造特色吧台区。户外景观为一开放空间，远眺新竹都市景观，为了营造空间安定感，融入中国北方传统——炕，设置 Sunken 降板休息区能够休息停留，提供户外休憩空间。

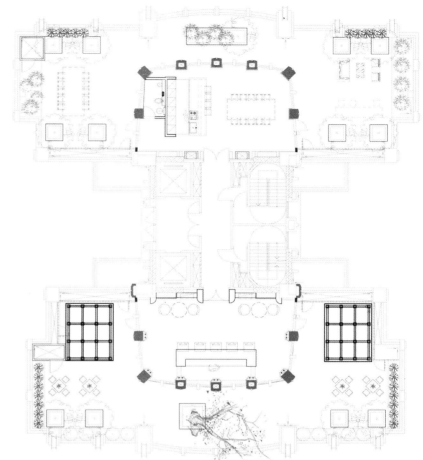

顶楼空中吧设计师巧妙运用天花的金属反射与线性造型光柱，将空间的高度拉高，造型天花板以高帽檐为概念，搭配水晶吊灯点缀空间增加视觉亮点。

交谊室以白色东方为特色风格，白色为主色搭配风车图腾的通透格栅，木皮与石材的温润质感，象征东方的寒梅吊灯带入东方意象。

台湾新北郡公设

建筑商：益骐建设

设计公司：彩韵室内设计

设计师：吴金凤、范志圣

摄影师：齐柏林

主要材料：石材、铁件、木皮、皮革、玻璃、木地板

面积：（一楼公设）2 605平方米、（二楼公设）1 110平方米

纵长开阔的基地格局，回廊环绕水景，空间与心怀在市嚣中觅得宁静居所，倘若推门而入，则是一番与户外水榭亭阁大相径庭的堂皇气象一顶天方柱之间，水晶吊灯和珠帘自天花板圆形挖凿中雍容临降，照亮了由接待柜台上方伸展指路的如意造型天花板，对应着地坪的拼花，因此，这些纯白块体的存在感定然醒目却不显得纷杂或厚重，宛如装置艺术，让视觉受到吸引，接待柜台后的黄金矩形拼贴墙面、天花板末端拟仿穹顶的天窗、正下方的不锈钢雕塑和钢琴，甚至是大厅四周的拱形窗扉，一一跃然入目。赏玩的同时，空间的尺度仿佛更加通敞，可容纳更多艺术品与装置，包括交谊厅的骨型天花，以立体造景的手法压低重心，凸显巧克力色天鹅绒沙发的质感与地坪的细致拼贴，巧妙形塑出令人舒适安心的空间氛围；另外，私密包厢以金属盘饰而成的图纹天花板或方格状挖空、小型视听室中随着弧型沙发柔软转折的天花造型或格线式图样、木质与线板的凹凸嵌合等，以现代设计重新诠释古典意象，艺术装置顺畅转化为装饰物件，人文气韵蕴含富丽之中。

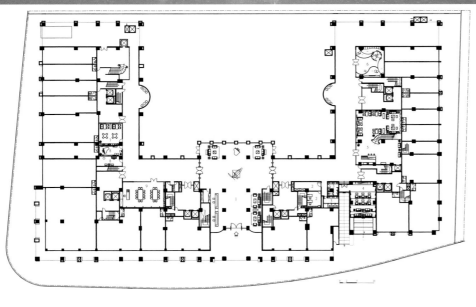

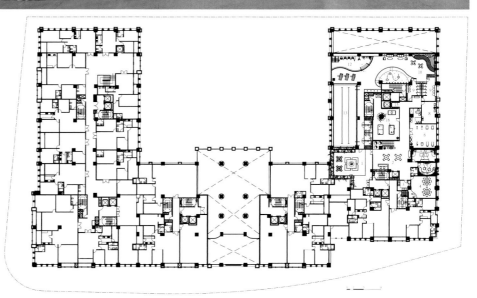

　　运动空间则配置于二楼，风格自然简约，统一使用米白基调打底，装点以盆栽花卉，设计创意的看点仍置于天花板造型，块状立体拼贴的廊道天花，隔划出台球室与健身房，分别以涟漪扩散、木条罗列的天花板引发使用者对于大自然的共感；另设有日式情调的泳池与桑拿设备，木作元素贯穿其中，兼具活泼与雅致之感。本案尝试思索装饰的意义，实践以美感与机能的活用，公设空间亦得以跨越语汇、风格的局限，挥洒艺术本色。

台湾世纪凯悦
入户大堂及公设

设计公司：天坊室内计划
设计师：张清平
主要材料：沙漠米黄石、黑云石、铁件、黑镜
面积：218平方米

世纪凯悦时尚度假名宅，以大学城区、便利生活区、中科园区与万顷公园等优势，提供首购族群轻松成家的新未来。并结合度假饭店式概念，一次满足纾压、养生、休闲、运动、赏景于一体的多功能需求，同时站在世界起点，悠游凯悦人生，享受假期生活。

世纪凯悦入户大堂及公设聘请天坊室内设计大师张清平担纲设计，在完整壮阔的基地上，集占地约1 652平方米的Spa水疗池、三温暖、健身房、休息吧、宴会厅及游泳池等设施，打造出健康乐活区块，同时也把社区精雕淬炼成美轮美奂的享乐帝国。

6星级饭店式门厅，挑高7米，迎接主人有如国际巨星般风采，主要以沙漠米黄石、黑云石及黑镜进行铺贴，硬朗挺俊的线条，独特锃亮的质感，简约时尚的设色，营造出明亮大气的空间氛围。地坪上的"回"字形图案，映衬着椭圆形的天花板，暗喻着中国"天圆地方"的古典哲学。夜幕降临，打开那璀璨的珠帘吊灯，那一颗颗闪烁着耀眼光芒的灯泡串在一起，犹如水晶珠帘一般，从天花板或墙壁上一直垂落下来，营造出一个梦幻而绮丽的诗一样的世界。

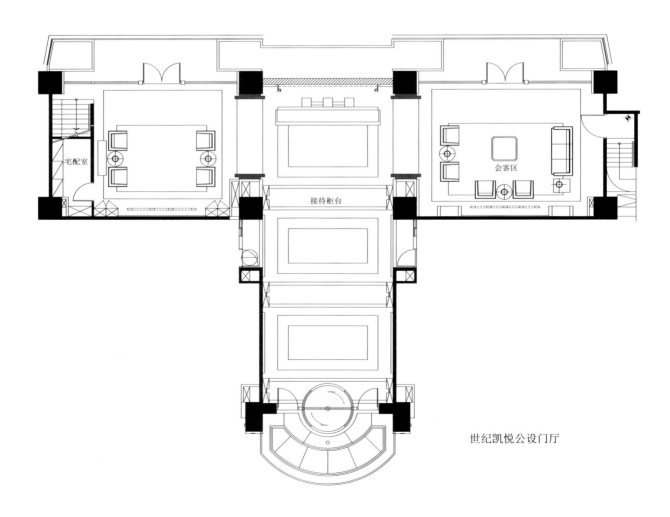

世纪凯悦公设门厅

宅配室

接待柜台

会客区

两旁的会客区，通过立面通透的玻璃墙，将室外绿意盎然的自然景色纳入室内，你可以雅座静思，沉浸于户外的盈盈绿意，悠然自乐。艺术造型主墙，独特的工法设计，立即为空间风格定调，也营造出一种独到的空间设计氛围。柔软的淡色沙发座椅搭配深色的摆桌或矮茶几，简单而整洁，加上少许花饰的点缀，给人一种柔美而自在的味道。

彰化兰花
研发中心大厅

设计师：林士翔

主要材料：植生墙、实木窗花、
格栅、石材、原木家具、木作

/自然元素，绿意空间/

　　本案为皇基公司彰化兰花研发中心大厅设计案，建筑原本挑高空间的宽敞尺度是本案的一大优点，但设计师舍弃一般公司大厅的现代冰冷的呈现方式，用自然元素创造出不同的空间氛围。

这个充满了自然元素的绿意大厅设计方案，原创空间设计为企业主呈现出不同以往的空间风格。以具有生命力的植生墙布满挑高的墙面，一旁原始质感的石墙有水瀑缓缓流下，与平面水池共同创造出自然的乐音。

西晒的阳光，透过实木窗花、格栅形成的光影移动，反而是空间中动人的元素，是一种季节、自然时序感的呈现。于傍晚时分，手编竹灯笼透出微黄光影，木雕板及原木的纹理，反映出沉寂温暖的空间质感。

上海真如·天汇国际大堂

设计公司：上海曼图
室内设计有限公司
设计师：冯未墨、孙毓婉
主要材料：西洋米黄大理石、

灰木纹大理石、黑檀木纹大理石、气
泡艺术玻璃、黑钛镜钢
面积：（首层大堂）585平方米

天汇国际位于上海城市副中心。在限制中寻找设计的平衡点对于我们来说，一直是设计产生过程中所处的环境。事实上，我们所有的想象和灵感都在一个被称为"可能性"的架构内延伸，对"可能性"的纵向深入是我们设计中最有吸引力的部分。

本项目空间两层挑空，1.5层为设备层，大堂空间净高5.4米。

空间整合概念一：重在强调空间的纵向拉伸。

理性看待空间设计，感性看待空间的非物质元素。

空间是由体积构成：大和小的体积，压缩与扩张，平静与紧张，界面与延伸面。它们是有意挑起情绪的元素。

对于空间线条的表达，我们将其称为"好奇与倔强"。一种不甘于固步自封在一个四壁空荡荡空间里的态度。

墙体向上提升的高度我们定义在2.2米，予以空间一处戏剧性的表达。立面至顶面与地面的延伸比例是对空间构成与秩序，界面与延伸面的耐心思考。

在演唱会上欣赏一曲交响乐，轻盈跳动的雕塑就像交响乐中晃动的转音，让整个空间充盈着起承转合。

空间整合概念二：

为了保持与项目精神一致的空间秩序，电梯厅入口处压缩与紧张的阵列结合镜面黑钛，增强入口处的导视性。

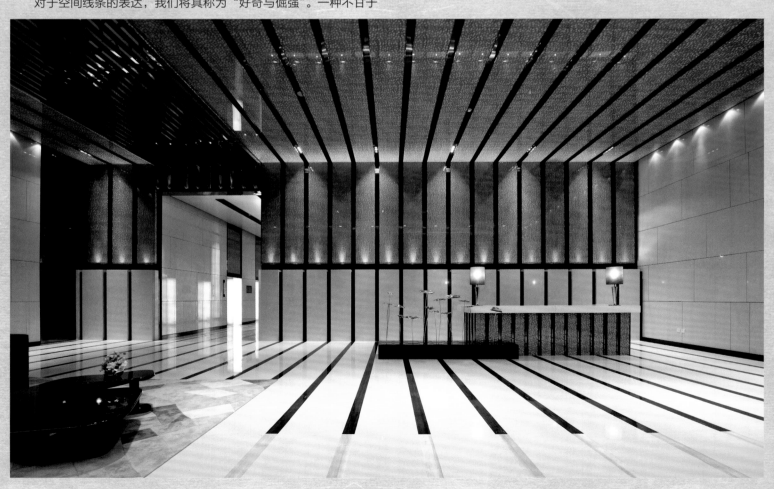

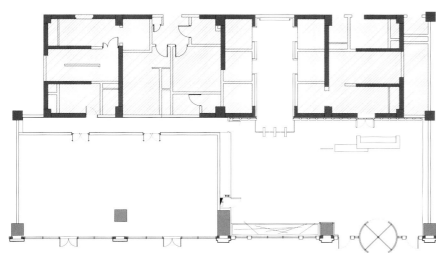

图书在版编目（CIP）数据

第一印象：社区景观 入户大堂 公共空间 / 黄滢，马勇 主编 . – 武汉：华中科技大学出版社，2015.5

ISBN 978-7-5680-0942-3

Ⅰ . ①第… Ⅱ . ①黄… ②马… Ⅲ . ①建筑设计 – 作品集 – 中国 – 现代 Ⅳ . ① TU206

中国版本图书馆 CIP 数据核字（2015）第 120080 号

第一印象：社区景观 入户大堂 公共空间（上、下） 黄滢 马勇 主编

出版发行：华中科技大学出版社（中国·武汉）

地　　址：武汉市武昌珞喻路 1037 号（邮编：430074）

出 版 人：阮海洪

责任编辑：熊纯　　　　　　　　　　　　　　　　　　责任监印：张贵君

责任校对：岑千秀　　　　　　　　　　　　　　　　　装帧设计：筑美空间

印　　刷：中华商务联合印刷（广东）有限公司

开　　本：965 mm × 1270 mm　1/16

印　　张：39（上册 20.25 印张，下册 18.75 印张）

字　　数：312 千字

版　　次：2015 年 8 月第 1 版 第 1 次印刷

定　　价：598.00 元（USD 119.99）

投稿热线：（020）36218949　　　duanyy@hustp.com

本书若有印装质量问题，请向出版社营销中心调换

全国免费服务热线：400-6679-118 竭诚为您服务

版权所有　侵权必究